LA INDUSTRIA PETROQUÍMICA BÁSICA EN MÉXICO, 1970-1982

PROGRAMA DE ENERGÉTICOS

LA INDUSTRIA PETROQUÍMICA BÁSICA EN MÉXICO, 1970-1982

Michèle Snoeck

EL COLEGIO DE MÉXICO

Primera edición, 1986

Camino al Ajusco 20
10740 México, D.F.
Impreso y hecho en México / *Printed in Mexico*

ISBN 968-12-0345-3 (versión original)
978-968-120-345-0 (versión facsimilar)

ÍNDICE

ABREVIATURAS

ANIQ	Asociación Nacional de la Industria Química
IMP	Instituto Mexicano del Petróleo
IPB	Industria Petroquímica Básica
Mton	Miles de toneladas
MMton	Millones de toneladas
Pemex	Petróleos Mexicanos
PPB	Productos Petroquímicos Básicos
SECOM	Secretaría de Comercio
SEMIP	Secretaría de Minas e Industrias Paraestatales
SEPAFIN	Secretaría de Patrimonio y Fomento Industrial
SEPANAL	Secretaría de Patrimonio Nacional
SIC	Secretaría de Industria y Comercio
TMCA	Tasa Media de Crecimiento Anual
ton	toneladas

Nota: Los cuadros esenciales para abordar el análisis de la petroquímica básica se encuentran incorporados en el texto del documento, en tanto que aquellos que contienen información complementaria aparecen en el Anexo 1 y se citan en las notas al pie de página.

PREFACIO

El Programa de Energéticos de El Colegio de México ha considerado que dada la importancia política, económica y social del sector petrolero en México, se hace imprescindible un análisis de su desarrollo y comportamiento entre 1970 y los primeros años del decenio en curso. Un estudio pormenorizado de esta naturaleza tiene que cubrir todas las etapas de la industria petrolera nacional: desde la exploración y la explotación hasta la industria petroquímica pesada, pasando por las relaciones entre este sector, el Estado mexicano, el sindicato de trabajadores petroleros y el mercado petrolero internacional.

Un esbozo de tal investigación tiene que abarcar los siguientes temas específicos: las características de una empresa pública moderna; el impacto del petróleo sobre la economía mexicana; la exploración y explotación de crudo y gas natural; la refinación, el transporte y la distribución interna de los productos petroleros; las exportaciones de los hidrocarburos y las importaciones de bienes de capital para la industria petrolera; el desarrollo de la industria petroquímica básica; las finanzas de Petróleos Mexicanos (Pemex); los aspectos tecnológicos de la industria; la visión mexicana del panorama petrolero mundial y las relaciones petroleras entre México y Estados Unidos.

Después de más de dos años de investigaciones, las distintas partes del estudio arriba descrito están llegando a su etapa final. En vista de que el estudio de algunos temas involucró más tiempo y esfuerzo que otros, debido a la dificultad de conseguir información procedente de muy variadas fuentes, se decidió publicar la obra en varios volúmenes sin esperar la terminación de la investigación en su conjunto.

El presente estudio sobre la industria petroquímica básica, elaborado por la investigadora del Programa de Energéticos, Michele Snoeck, con el apoyo de otros investigadores cuando fue necesario, es el primero que aparece en la serie que lleva el título general La industria petrolera mexicana, 1970-1982. Dado que la investigación en su conjunto espera terminarse durante el año en curso, las partes restantes aparecerán en fechas próximas.

Miguel S. Wionczek
Coordinador del Programa de Energéticos

INTRODUCCIÓN

Desde fines de los años cincuenta , la importancia asignada a la industria petrolera mexicana, nacionalizada en 1938, no radicó únicamente en el abastecimiento oportuno y suficiente de energéticos al mercado interno, sino también en el suministro de insumos petroquímicos. En efecto, en 1958 se extendió el dominio y control estatal sobre los recursos petroleros hasta el área de la petroquímica básica, con lo que Petróleos Mexicanos (Pemex) se convirtió en una de las empresas petroleras estatales con mayor nivel de integración en el mundo. Desde entonces, la industria petroquímica ha sido considerada como una rama estratégica de la economía, ya que: a) ofrece amplias posibilidades de sustitución de importaciones; b) proporciona la materia prima principal a un conjunto particularmente extenso de actividades industriales, entre las que se incluyen la elaboración de fertilizantes para la agricultura, y c) incorpora valor agregado a los hidrocarburos. Además, tiene un importante efecto multiplicador en la economía al inducir la ampliación de la capacidad productiva en otras ramas, como la de bienes de capital, y alentar el desarrollo del sector de servicios, en particular los de consultoría e ingeniería.

El proceso de industrialización en México, en particular la fase de sustitución de importaciones, requería de un amplio apoyo a ciertos sectores básicos como la industria petroquímica. Por esta razón, el Estado —a través de Pemex— destinó considerables recursos económicos al establecimiento y desarrollo de la industria petroquímica primaria. A mediados de los setenta , la empresa inició un programa de inversiones sin precedente, lo que evidenció un cambio significativo de política en esta área. La ampliación de la base productiva, mediante la construcción de complejos integrados de gran capacidad, se orientaría ya no sólo a alcanzar la autosuficiencia, sino además a disponer de importantes excedentes de producción para la exportación. Se esperaba que la industria petroquímica contribuiría así a revertir la tendencia a la monoexportación de la economía mexicana, que resurgió a partir de la reanudación de las ventas externas de petróleo (fines de 1974).

Simultáneamente, varios países exportadores de petróleo destinaron cuantiosos recursos a la transformación industrial de los hidrocarburos. A principios del decenio de los ochenta , la sobrecapacidad de producción petroquímica generada a nivel mundial llegó a ser motivo de preocupación en México por las limitaciones que impondría a sus propias exportaciones. En efecto, en 1980, a pesar de los retrasos experimentados en el país en la construcción de las plantas previstas en el programa de Pemex y de la persistencia del déficit en el suministro interno de productos petroquímicos básicos, la política de crecimiento parcialmente orientada hacia la exportación seguía vigente.

Sin embargo, no serían tanto las condiciones externas desfavorables las que pondrían en entredicho la estrategia de expansión propuesta, sino las propias limitaciones internas encontradas en su ejecución. La crisis financiera por la que atraviesa la economía mexicana, y Pemex en particular, a partir de mediados de 1981, llevó a la empresa a posponer la construcción de varios complejos petroquímicos en proyecto, concentrando sus limitados recursos financieros en la consecución del objetivo, largamente perseguido, de la autosuficiencia.

Si bien Pemex no ha podido cumplir plenamente con las metas fijadas, la industria petroquímica básica mexicana ha crecido con un dinamismo que pocas ramas industriales han experimentado en los últimos veinte años. El presente estudio se centra en la evolución de esta área de la empresa petrolera de 1970 a 1982, y pone de relieve la medida en que las políticas y programas marcaron la pauta para su desarrollo, los demás factores que condicionaron su expansión, los resultados alcanzados y los principales problemas que surgieron en este periodo.

La estructura del estudio corresponde al esquema común establecido para todas las partes del proyecto "La industria petrolera en México". Los antecedentes consideran las circunstancias en que se definió la participación y control estatal en la industria petroquímica básica, así como las dificultades encontradas para expandir esta rama en un periodo de severas restricciones financieras de Pemex. El núcleo del análisis (evolución de 1970 a 1982) comprende, entre otros elementos, una relación detallada de las características de la rama en 1970 y una visión global de la situación en 1982. En este periodo destacan, como factores que permitieron el rápido crecimiento de la industria petroquímica, la mayor disponibilidad de materia prima (hidrocarburos) a raíz del descubrimiento de importantes campos petroleros en el sureste del país, y el considerable incremento de recursos de inversión que se obtuvieron de las exportaciones de crudo. En esta parte del estudio se analizan las razones por las cuales no se ha logrado superar el desequilibrio entre la oferta y la demanda de productos petroquímicos básicos. Aunque el interés inmediato del estudio radica en el análisis del comportamiento del segmento de la industria petroquímica que está a cargo de Pemex, también se presta atención a algunos aspectos más específicamente relacionados con el sector secundario, en la medida en que contribuyen a explicar el papel del sector básico. No se debe perder de vista que la decisión del Estado de encargarse de la elaboración de los productos petroquímicos básicos tuvo como objetivo orientar y favorecer el desarrollo de la industria petroquímica en su conjunto. Finalmente, se presentan las conclusiones que surgen del análisis, así como algunas referencias a la situación existente en 1984 y las perspectivas para el desarrollo futuro de esta industria.

I. ANTECEDENTES

El inicio de la petroquímica básica, 1950-1970

La utilización de los hidrocarburos como materia prima para la elaboración de productos químicos se inició, en las primeras décadas de este siglo, en Estados Unidos; pero no fue sino hasta la Segunda Guerra Mundial que, a raíz de la necesidad imperativa de encontrar sustitutos de varios productos naturales y materias primas nuevas,1/ se desarrolló la industria petroquímica a escala industrial.

A pesar de la importancia de la actividad petrolera en México desde principios de este siglo, la industria petroquímica básica (IPB) fue prácticamente inexistente hasta fines de los años cincuenta . Sin embargo, los primeros pasos de Pemex en este campo se dieron, precisamente, en ese decenio. En 1951, la empresa puso en operación una planta de azufre, cuya materia prima se obtenía por medio de la recuperación del ácido sulfhídrico del gas natural.2/ La planta, ubicada

---

1/ "La industria petroquímica consiste en la realización de procesos químicos o físicos para la elaboración de compuestos a partir, total o parcialmente, de hidrocarburos naturales de petróleo o de hidrocarburos que sean producto o subproducto de las operaciones de refinación". SPP et al., Industria petroquímica. Análisis y expectativas, México, SPP, 1981, p.21. Véase el anexo 1 para una ilustración de los productos y procesos petroquímicos (cuadros 1 y 2, y gráfica 1).

2/ Según el entonces director de Pemex, esta planta fue la segunda en su tipo que se instalaba en el mundo. Véase Bermúdez, Antonio J., Doce años al servicio de la industria petrolera mexicana, 1947-1958, México, Comaval, 1960, p.125.

en la refinería de Poza Rica, Veracruz, comenzó a funcionar en un periodo de escasez de azufre en el mercado mundial, por lo que este producto se cotizaba a un precio muy elevado. A consecuencia de esto, el gobierno mexicano decidió suministrarlo al mercado nacional a precios muy subsidiados,3/ más aún, una parte considerable de la producción se entregó gratuitamente durante tres años a la empresa estatal Guanos y Fertilizantes de México, S.A.(GUANOMEX).4/ Con esto se buscaba fomentar el desarrollo de la industria de fertilizantes, y por ende la de la agricultura, por medio del otorgamiento de subsidios a la producción de amoniaco y sulfato de amonio. Otro de los logros de Pemex en la industria petroquímica de estos años fue la terminación, en 1959, de una planta de dodecilbenceno —importante insumo para la industria de detergentes— que fue localizada en la refinería de Azcapotzalco, en el Distrito Federal.

Con todo, al finalizar los años cincuenta , aparte de los casos mencionados, solamente se producían insumos básicos, tales como el etano, el propano, el butano y el isobutano, sin llegar a su transformación.5/ Las causas de este lento desarrollo fueron varias: primero, la problemática situación financiera de la empresa, en particular hasta 1958, que no le permitió llevar a cabo la construcción, previamente programada, de importantes plantas petroquímicas, en particular las de fertilizantes, las de polietileno y las de detergentes; segundo, el no saberse claramente en qué medida la industria petroquímica iba a incluirse dentro de las actividades de Pemex o a dejarse en manos de la iniciativa privada, lo que provocó que se postergaran las principales decisiones respecto a la ejecución de los diversos proyectos; tercero, la incertidumbre en cuanto a la política de precios para los insumos primarios elaborados por Pemex, que afecta-

---

3/ Ibid., p.127.

4/ La empresa estatal GUANOMEX fue creada en 1943, con el fin de producir y distribuir fertilizantes orgánicos, y a partir de 1947 extendió su área de acción a los fertilizantes sintéticos, lo que marcó el inicio de un periodo de fuerte crecimiento de la industria de fertilizantes, que se vinculaba a la ampliación de las áreas de riego, a la creciente industrialización del campo y a la introducción de insumos modernos en la agricultura.

5/ Véase Becerril, Oscar, Posibilidades de desarrollo de la industria petroquímica en México, México, Banco de México, 1975, p.13.

rían los costos de producción de derivados,6/ y cuarto, las "barreras al ingreso", que en esta industria actuaban como factores inherentes a sus características: elevados niveles de inversión, fuerte dinamismo tecnológico y escalas mínimas de producción a menudo superiores al tamaño del mercado interno.

Sin embargo, Pemex ya tenía conciencia de la creciente importancia de los hidrocarburos como fuente de materias primas y de la conveniencia de sustituir las importaciones de productos petroquímicos.7/ También existía cierta preocupación frente al marcado interés, e inclusive la presión, de varias empresas químicas transnacionales por obtener las concesiones necesarias para la transformación química de los hidrocarburos, concesiones de gran importancia, además, que

---

6/ "¿Se considerarían a su valor de mercado, o de acuerdo con su poder calorífico, o a un 'precio de cuenta' tomando en consideración que su empleo en otras utilizaciones o bien prácticamente era inexistente o marginal?" Wionczek, Miguel S., Gerardo Bueno y Jorge Eduardo Navarrete. La transferencia internacional de tecnología - el caso de México, México, Fondo de Cultura Económica, 1974. Por otra parte, también puede haber existido cierta incertidumbre en cuanto a posibles restricciones, por parte del gobierno, a la fijación de precios por los particulares para los productos de uso final. De hecho, un decreto emitido en 1960 estableció que los precios de los productos petroquímicos no deberían ser mayores en 15% a los prevalecientes en Estados Unidos.

7/ Véase, por ejemplo, la siguiente declaración de Antonio Bermúdez, director de la empresa de 1947 a 1958: "La petroquímica está llamada a alcanzar en México, proporcionalmente, un desarrollo similar al que ha tenido en países industriales. En efecto, México cuenta con la experiencia de la industria petrolera en general, y en especial de la refinación. Cuenta con personal técnico capaz de emprender eficazmente las operaciones de la petroquímica; con la materia prima, no sólo el petróleo crudo y el gas natural, sino también con productos intermedios hasta ahora solamente aprovechados en calidad de combustibles, y que completan la provisión que pueda requerir la industria petroquímica. Cuenta, por último, con un mercado que siendo ya significativo tiene, sobre todo, muy grandes posibilidades de desarrollo". Bermúdez, Antonio J., op. cit. p.11.

no prohibía la ley petrolera de 1941.8/

Todo ello contribuyó a que existiera un movimiento de opinión, dentro y fuera de Pemex, a fines del sexenio 1952-1958, en favor de una revisión de la Ley Reglamentaria del Artículo 27 Constitucional en el ramo del petróleo (1941) para definir, entre otras cosas, el campo de acción de la empresa estatal en la industria petroquímica. La Nueva Ley Reglamentaria, promulgada en los últimos días de la administración de Adolfo Ruiz Cortines (diciembre de 1958), especificó que la conversión de los hidrocarburos en derivados intermedios o semielaborados constituiría una actividad integrante de la industria nacionalizada, mientras que, en la transformación de los productos semielaborados en manufacturas finales, podrían intervenir, indistintamente y en forma no exclusiva, tanto el Estado, por conducto de Pemex o de sus empresas subsidiarias, como la iniciativa privada.9/ Esta disposición puso fin a las expectativas de empresas privadas extranjeras sobre su posible participación en la industria petroquímica primaria, al recaer la responsabilidad de su desarrollo en Pemex.

Si bien en ese momento no se definió con precisión la delimitación, a nivel de productos específicos, entre las actividades estatal y privada, sí quedó establecida la decisión del Estado de participar directamente y de estimular e imponer cierto control al desarrollo de la industria petroquímica, dentro del marco de la industrialización sustituti-

---

8/ Desde la década de los cuarenta , varias de estas empresas ya habían iniciado sus operaciones en México, importando insumos petroquímicos para transformarlos en derivados. "Los intereses extranjeros se aprovecharon e intensificaron sus presiones, con conocimiento de causa, pues entendían la significación y el alcance de la penuria relativa que Pemex vivía; sabían que el esfuerzo emprendido en el pasado para producir tetraetilo se había abandonado y que la industria era importadora de técnica; estaban informados también de que, en contraste con el desarrollo material de la industria, se encontraba abandonado por completo el de la investigación científica, indispensable a su progreso ulterior, especialmente en el campo de la petroquímica y, por si fuera poco, las puertas legales al régimen de concesiones estaban abiertas". Echaniz J., Petróleos Mexicanos - veinticinco años de vida de la industria nacionalizada, México, UNAM (tesis), 1963, p.126. Véase también Philip, George, Oil and politics in Latin America, Cambridge, Cambridge University Press, 1982, p.342.

9/ Véase Diario Oficial, México, 27 de noviembre de 1958.

va de importaciones. Esto implicaba para Pemex dos responsabilidades fundamentales: hacerse cargo de inversiones en un área particularmente intensiva en capital,10/ y garantizar el abastecimiento oportuno y en cantidades suficientes de las materias primas petroquímicas a las ramas industriales que se deseaba promover. Dada la situación financiera de la empresa, esta ampliación de su campo de acción implicaba, lógicamente, una menor disponibilidad de recursos para sus demás actividades.

El sexenio 1958-1964 se inició en condiciones favorables para Pemex, gracias al incremento sustancial de sus ingresos, como consecuencia del alza de precios autorizada por el ejecutivo a fines de 195811/ y al acceso al crédito internacional con menores restricciones que en los años precedentes. Se incluyó el desarrollo de la industria petroquímica dentro de las prioridades de la empresa, y se inició, en forma consecuente, un importante programa de expansión. En 1959, el director de Pemex, Pascual Gutiérrez Roldán, anunció que se tenía en estudio un programa de petroquímica básica y fertilizantes en dos etapas: la primera, con una inversión presupuestada de 450 millones de pesos y la segunda, con una de 1 000 millones. Se esperaba que la construcción de las 28 plantas en proyecto quedaría concluida en un plazo máximo de cinco años, y se estimaba que el programa representaba, probablemente, el esfuerzo industrial de mayor alcance realizado en el país.12/

10/ Además de las elevadas inversiones involucradas, la frecuencia de descubrimientos de nuevos procesos, llevados a la escala de producción en plazos relativamente cortos, contribuye a la rápida obsolescencia de las instalaciones. La alta tasa de cambio técnico obliga así, a reducir los plazos de amortización.

11/ La política interna de bajos precios para los productos de Pemex, establecida después de la nacionalización de la industria petrolera (1938), trajo aparejados problemas de financiamiento de los programas de desarrollo de la empresa. En particular, de 1954 a 1958, el ejecutivo se negó a acordar el aumento de precios considerado por Pemex como impostergable para poder proseguir con su expansión de acuerdo a los requerimientos de la demanda nacional.

12/ Véase Pemex, Informe del director general de Petróleos Mexicanos, México, Pemex, 18 de marzo de 1959, pp.10-11; y Comercio exterior, vol.X, núm.6 y 12, México, Banco Nacional de Comercio Exterior, junio y diciembre de 1960, pp.312 y 666.

Sin embargo, los recursos canalizados para dicho programa contribuyeron a crear nuevas dificultades financieras para la empresa, y a que se relegaran a un segundo plano las labores de exploración petrolera, lo cual, obviamente, tendría graves consecuencias para el ritmo de desarrollo de la producción de hidrocarburos.

Hay quienes consideran que la prioridad otorgada a la expansión de la IPB en estos años correspondió a "una política en que la promoción predominó sobre los objetivos".13/ En efecto, numerosas obras, tanto para procesos de refinación como petroquímicos, fueron iniciadas simultáneamente sin tener la seguridad de disponer de suficientes recursos financieros para poder terminarlas. De hecho, entre 1960 y 1963, Pemex se vio en la necesidad de detener algunos de estos proyectos, tal como lo hizo con la construcción de plantas petroquímicas en Minatitlán. La situación resultó aún más agravada por el hecho de que, debido a cierto descontrol financiero de la empresa, no se suspendieron las compras a crédito y, por tanto, los embarques de materiales y equipos de importación tuvieron que ser abandonados durante varios meses en el sitio de construcción.14/

Por otra parte, el deseo de promover el desarrollo acelerado de la IPB había influido en la decisión de la dirección de Pemex de asociarse con intereses privados nacionales y extranjeros para la producción de polietileno, insumo de múltiples usos en la industria petroquímica secundaria.15/ Este proyecto suscitó fuertes reacciones nacionalistas, en particular de la "vieja guardia" de los técnicos de la empresa que consideraba que la elaboración de este producto correspondía exclusivamente al Estado. El sindicato petrolero desempeñó un papel determinante en la postergación de la construcción de la planta de polietileno, hasta el cambio de gobierno a fines de 1964. Así una de las primeras acciones del presidente

---

13/ Bermúdez, Antonio J., La política petrolera mexicana, México, Mortiz, 1976, p.69.

14/ Ibidem. Algunas de las plantas, cuya terminación estaba prevista para 1962, no iniciaron su producción sino hasta fines de la década; otras, no estuvieron concluidas ni siquiera en 1970. Véase Comercio exterior, op. cit.

15/ Pascual Gutiérrez Roldán, director de la empresa, logró que se firmara un acuerdo presidencial, según el cual una nueva planta de polietileno sería operada por Poli-Rey, empresa formada conjuntamente por Pemex, Celulosa y Derivados, S.A. (Monterrey), y Simón Carves LTD, con asistencia técnica de Imperial Chemical Industries, Véase Comercio exterior, t.XV, núm.1, México, Banco Nacional de Comercio Exterior, enero de 1965.

Díaz Ordaz consistió precisamente en dictaminar una ley en contra de la participación de intereses extranjeros en la elaboración de un producto considerado como estratégico para la industria petroquímica.16/

Esta decisión se fundamentó en el nuevo reglamento de la ley petrolera, emitido en 1959, que confirmaba y especificaba, con mayor detalle, el campo de acción reservado al Estado en la rama petroquímica.17/ El criterio establecido era que los productos susceptibles de servir como materias primas industriales básicas y los de interés económico-social fundamentales para el país serían elaborados por Pemex u otras empresas paraestatales.18/ Los casos de duda serían resueltos por aucerdo expreso del ejecutivo federal con base en el dictamen de las Secretarías de Patrimonio Nacional (SEPANAL) y de Industria y Comercio (SIC), y de Pemex. Asimismo, el reglamento limitó la participación del capital extranjero en el sector secundario a 40% de la inversión.

Al finalizar el sexenio 1958-1964, el establecimiento de la IPB en México ya era una realidad, pese a los retrasos experimentados en el programa, tanto por razones financieras como por la falta de realismo de Pemex en cuanto a los tiempos requeridos para la ejecución de los diferentes proyectos. En 1960, Pemex elaboró cinco productos petroquímicos (azufre, dodecilbenceno, tetrámero y alquilarilos ligero y pesado), con un volumen total de 57 Mton. En 1962 se añadieron el amoniaco y su subproducto, el anhídrido carbónico, ambos importantes insumos para la industria de fertilizantes,19/ y en 1964 se inició la producción de aromáticos, compuestos utilizados por industrias tan diversas como las de fibras y resinas sintéticas, plásticos, plastificantes y detergentes. Así, en este último año se encontraban en operación diez plantas petroquímicas con una producción total de 396 Mton, es decir, siete veces la de 1960.

El crédito externo, que se obtuvo durante ese sexenio, desempeñó un papel fundamental en el financiamiento del programa. Un préstamo privado norteamericano de 50 millones de

---

16/ Véase Ramírez, R., La otra cara del petróleo, México, Ed. Diana, pp.121-125.

17/ Véase el Reglamento de la Ley Reglamentaria del Artículo 27 Constitucional en el ramo de petróleo, en Diario Oficial, México, 25 de agosto de 1959.

18/ En 1960, se publicó una lista de los 16 productos considerados como básicos (véase Diario Oficial, México, 9 de abril de 1960), la cual fue ampliada a 45 productos en 1967.

19/ Anteriormente el amoniaco era producido por GUANOMEX, S.A.

dólares se destinó en gran parte a la IPB. En 1963, Pemex negoció una línea de crédito de 110 millones de dólares con el gobierno francés y un consorcio bancario, destinada a la construcción de plantas petroquímicas.20/

Si bien los logros alcanzados en la producción de Productos Petroquímicos Básicos (PPB) eran considerables, pocos esfuerzos se habían dedicado a la investigación científica y tecnológica en este campo.21/ El desarrollo de técnicas propias era prácticamente inexistente y, para la elaboración de casi todos los productos, se requerían licencias de patentes detentadas por empresas químicas transnacionales.

La industria petroquímica secundaria, estimulada por la expansión del sector primario y la política de bajos precios para los PPB,22/ se desarrolló también rápidamente. En 1965, el director de Pemex, Jesús Reyes Heroles, declaró: "debemos admitir con toda honestidad que hasta el momento la industria petroquímica básica marcha a la zaga de la derivada y tenemos que aumentar producciones para satisfacer demandas existentes. Hay industrias petroquímicas derivadas que hasta el momento se

---

20/ Véase Bullard, Fredda Jean, Mexico's Natural Gas, Austin, The University of Texas, 1968, pp.226-227.

21/ "...las cantidades que en la actualidad (1963) gasta Pemex en investigación científica, deben ser tan pequeñas, que no merecen todavía un rubro especial que las agrupe en los estados financieros de la institución. Es decir, seguimos sin desarrollar técnica. Tampoco hay noticias de que se hayan intentado, por lo menos, arreglos convenientes con empresas gubernamentales de otros países o auspiciado programas en colaboración con organismos internacionales para canalizar cierta ayuda técnica a la petroquímica mexicana... Sería en verdad difícil investigar qué campos no están bloqueados por las patentes de los grandes monopolios... En estas condiciones, y si en forma irresponsable la dirección de Pemex sigue sin preocuparse por desarrollar la investigación científica, es justo pensar que cualquier desarrollo ulterior de la petroquímica sólo pueda lograrse aumentando la dependencia externa de la industria". Echaniz, J., op. cit., pp.147-149.

22/ Tomando como año base 1960=100.0, el índice de precios de los PPB disminuyó a 96.5 en 1966 y 89.5 en 1972. En contraste, los índices de los sectores primario (agricultura, pesca, etc.) y de construcción se elevaron a 120.9 y 130.7 en 1965, y 149.4 y 175.5 en 1972, respectivamente. Véase Gutiérrez, T., La intervención del Estado mexicano, México, Instituto Politécnico Nacional (tesis), 1978, p.87, citado en Philip, George, op. cit. p.345.

abastecen del exterior".23/ Así, durante el sexenio recién iniciado (1964-1970), la política petroquímica estuvo orientada hacia el logro de la sustitución de importaciones mediante un mayor aprovechamiento de los hidrocarburos, como materia prima, en un número significativo de actividades económicas.24/

El programa establecido para la segunda mitad del decenio de los sesenta , que comprendía la construcción o ampliación de 35 plantas, se basaba principalmente en estimaciones del consumo final de plásticos, fibras, detergentes, solventes, insumos para la industria petrolera y fertilizantes. En particular, se puso énfasis en la necesidad de incrementar la producción de amoniaco y facilitar su consumo directo o indirecto como fertilizante, mediante la reducción de su precio.

Al mismo tiempo, la dirección de la empresa consideraba esencial mantener un elevado grado de flexibilidad en la planeación del desarrollo de la IPB, en virtud del dinamismo tecnológico que la caracteriza, y de las tendencias inciertas del mercado interno con respecto a volúmenes y tipos de productos requeridos.25/

En vista de la importancia otorgada a la IPB, en 1965 se creó una Gerencia de Petroquímica en Pemex (anteriormente integrada con la de refinación). También resultaría significativo para el desarrollo de esta rama, la creación, en el mismo año, del Instituto Mexicano del Petróleo (IMP), si se considera "el rápido avance tecnológico de las industrias petrolera y petroquímica" y la necesidad de "acrecentar el rendimiento de la industria nacional".26/

No obstante los intentos de programación y definición de políticas de acuerdo con el objetivo establecido de ampliar rápidamente la planta productiva, en estos años el desarrollo de la IPB estuvo condicionado por las exigencias técnicas de esta industria y la difícil situación financiera de Pemex. El congelamiento de los precios de los productos de la empresa durante largos periodos, y en particular a partir de 1958, restringió progresivamente su capacidad de autofinanciamiento, a la

---

23/ Pemex, Informe del director general de Petróleos Mexicanos, México, Pemex, 18 de marzo de 1965, p.15.

24/ "Debe ser nuestra preocupación, tanto obtener más barriles, como mayor valor por barril. Para ello es aconsejable el desenvolvimiento de la petroquímica". Ibid., p.13

25/ "De aquí... la imposibilidad de una planeación que impida o estorbe la adopción de decisiones sobre la marcha. En cierta medida, el desarrollo petroquímico se tiene que planear o replanear mientras se va haciendo". Ibid., pp.14-15.

26/ Diario Oficial, México, 26 de agosto de 1965.

vez que se estableció una política restrictiva de financiamiento externo.27/ Ante esta situación, la empresa decidió concentrar sus limitados recursos a la ampliación de refinerías existentes en complejos integrados que incluirían las nuevas unidades petroquímicas. De esta manera, las plantas de refinación proporcionarían directamente los insumos necesarios para la industria petroquímica y se aprovecharían tanto las instalaciones auxiliares existentes, como otros servicios.28/

A pesar de las dificultades encontradas durante los sesenta , la producción bruta de la IPB ascendió a 1.9 MMton en 1970, con lo que creció a una tasa media anual (TMCA) de más de 42% en ese decenio.29/

Varios factores contribuyen a explicar este dinamismo. Por una parte, se originó una creciente demanda de productos químicos básicos de posible obtención petroquímica. Hasta el inicio de la IPB en el país, esta demanda se satisfacía principalmente mediante importaciones y, en forma secundaria, con la producción nacional de origen carboquímico. A partir de 1960, se inició un proceso de sustitución de importaciones basado en los productos de mayor consumo nacional. La participación de las importaciones de PPB en el consumo nacional aparente se redujo así de 63% en 1960, a 16% en 1970.30/

Por otra parte, la industria petroquímica contó con algunos elementos esenciales para iniciar su desarrollo; a saber: a) la disponibilidad de materias primas y la existencia de varias refinerías, en el marco de una empresa petrolera integrada, que va desde la exploración de hidrocarburos hasta la elaboración de derivados, y b) un marco institucional y legal, establecido desde el inicio de esta rama, que, a pesar de sus limitaciones, fijó las bases para el crecimiento complementario de los productos básicos y secundarios. Finalmente, la continua aparición de nuevos productos y procesos de producción en la

---

27/ El endeudamiento de Pemex no podía exceder en 20% sus ingresos propios.

28/ Véase Prévot-Shapira, Marie France, Pétrole et nouvel espace industriel au Mexique. Coatzacoalcos-Minatitlán, Paris, Univ. Sorbonne Nouvelle, Paris III (tesis), 1981, pp.87-92.

29/ Véase el cuadro 3, en el anexo 1. La TMCA resulta particularmente elevada debido al estado incipiente en el que se encontraba la IPB en 1960. En el mismo periodo, el ritmo de crecimiento de la producción de la industria petroquímica en su conjunto fue de alrededor de 20% anual. Véase IMP, Desarrollo y perspectivas del sector secundario de la industria petroquímica, México, IMP, 1973, pp.1-3 y 1-5.

30/ Véase el cuadro 3, en el anexo 1.

rama petroquímica, a nivel mundial, favorecieron su rápido crecimiento.

En 1970, la inversión acumulada desde el inicio de la IPB en plantas e instalaciones petroquímicas alcanzó 3 060 millones de pesos.31/ Si bien estas erogaciones han podido significar una restricción de los recursos disponibles para la expansión de otras áreas de la industria petrolera no menos prioritarias, resulta significativo que el establecimiento de la IPB en el país permitiera sustituir importaciones por un valor de 4 700 millones de pesos en el mismo periodo.32/

Factores condicionantes de la petroquímica en su inicio

Para ubicar el desarrollo de la IPB en México resulta esencial examinar, aunque sea someramente, los principales componentes del escenario político-económico dentro del cual surgió esta rama, así como sus relaciones con diversas actividades productivas (industrias petrolera y manufacturera, y agricultura) y diferentes actores (Estado, sector empresarial y capital extranjero). Por un lado, se encuentra el Estado, con la herencia del nacionalismo asociado a todo lo relacionado con la industria petrolera, y por otro, el sector empresarial, principal motor del proceso de industrialización impulsado por el propio Estado. Aunque no corresponde recordar aquí las desigualdades sociales y regionales escondidas detrás de la "modernización" de la economía mexicana, vale la pena destacar algunas de las relaciones en que se apoyó, directa o indirectamen-

---

31/ Esta cifra incluye 2 580 millones de pesos por concepto de unidades de proceso y 480 millones por plantas de almacenamiento y distribución, ductos y equipo de transporte. Véase IMP, Plan de desarrollo de la industria petrolera y petroquímica básica, 1976-1985, México, IMP, s.f., pp.7/91-93. Según el director de Pemex, la inversión total acumulada se elevaba a 4 700 millones de pesos; probablemente incluye en este dato a las plantas procesadoras de gas. Véase Dovalí Jaime, Antonio, Situación y tendencias de la industria petrolera nacional, México, Pemex, 1971, p.30.

32/ Mientras que en el sexenio 1958-1964 se estima haber disminuido las importaciones de PPB en 712 millones de pesos, en la siguiente administración la sustitución alcanzó casi 4 000 millones. Véase Pemex, Informe del director general de Petróleos Mexicanos, México, Pemex, 18 de marzo de 1970.

te, el inicio y desarrollo de la industria petroquímica.

La estatización de la IPB en México (1958) se inscribió dentro del marco del modelo de "desarrollo estabilizador", cuyos componentes centrales fueron la concentración del capital, la contención sostenida de los salarios con relación a la productividad, y una renovada alianza con el capital transnacional; modelo que habría de resultar en un fuerte, aunque desequilibrado, crecimiento industrial en el decenio siguiente.33/

Los principales ejes del crecimiento acelerado experimentado en los sesenta fueron, por un lado, la orientación de la producción hacia la satisfacción de la demanda de los estratos de ingresos altos y, por otro, la diversificación industrial relativa con amplia participación del capital externo.34/ El dinamismo de los sectores productivos se vio reforzado por la política estatal, en la cual el endeudamiento externo adquirió progresivamente un papel fundamental. La inversión pública se incrementó, y se canalizó, en parte, hacia la constitución o ampliación de empresas paraestatales orientadas hacia la producción de una vasta gama de bienes y servicios que, al ser vendidos a precios subsidiados, dieron lugar a un incremento apreciable de la rentabilidad del capital en la industria. En este sentido, el índice de precios de la producción petroquímica básica disminuyó de 100.0 en 1960 a 88.5 en 1970, en tanto que el índice general de precios se incrementó de 100 a 150 en el mismo periodo.35/

De 1950 a 1970, el sector industrial, en particular en la rama de las manufacturas, adquirió un dinamismo mayor que cualquier otra actividad productiva. En este último año, dicho sector participó con 40% en el producto interno bruto (PIB), comparado con 26% en 1950. Las manufacturas, por su parte, aumentaron su contribución en el PIB de 17 a 24 por ciento en el mismo periodo.36/ En cierta medida, la estatización de la IPB, al lado de otros factores (nacionalización de la industria eléctrica, mayor apertura al capital extran-

---

33/ Véase Fitzgerald, E.V.K., "A Note on State Capital and Industrialization in Mexico", en Cariere, J. (editor), Industrialization and the State in Latin America, Holanda, CEDLA, 1979, pp.49-72.

34/ Ayala, José, et al., "La crisis económica: evolución y perspectivas", en Pablo González Casanova y Enrique Florescano (Coord.), México hoy, México, Siglo XXI Editores, 1979.

35/ Véase Gómez Sánchez, P. y M. Rivera, "Acumulación de capital en México en la década de los setenta ", en Teoría política, núm.2, México, 1980, pp.73-120.

36/ Cordera, Rolando y Carlos Tello, La disputa por la nación, México, Siglo XXI, p.32.

jero, integración relativa de la industria automotriz y reafirmación del control sobre el sector obrero), contribuyó a remover obstáculos importantes para la dinamización del sector industrial. En la diversificación relativa de la estructura industrial predominó el rápido crecimiento de algunas ramas relacionadas con la producción de bienes de consumo duradero, o —como en el caso de la industria petroquímica— estimuladas por la actuación del Estado.

En este proceso de expansión, la creciente participación del capital extranjero agudizó cada vez más la dependencia financiera y tecnológica del exterior. Por otra parte, la inversión extranjera directa se fue desplazando de las actividades a las que tradicionalmente destinaba sus recursos (minería, electricidad y transporte) hacia la de las manufacturas de mayor crecimiento y utilidades. Así, su participación en estas últimas se elevó de 7% en 1940, a 56% en 1960 y 76% en los años 1970-1974. Destaca, en particular, el incremento de la participación de las empresas extranjeras en el valor de la producción química, de 58% en 1962 a 84% en 1970.37/

La petroquímica secundaria no escapó a la tendencia de la industria nacional a acentuar su estructura oligopólica como consecuencia de la mayor concentración del ingreso y del capital. Por ejemplo, en resinas sintéticas y materiales plásticos, en 1969, de 32 empresas que existían, seis controlaban cerca de 60% de la producción. De las ocho empresas dedicadas a la elaboración de fibras celulósicas y no celulósicas, en 1972, una sola (Celanese Mexicana) absorbió 66% del valor de la producción. En elastómeros existían, en ese mismo año, únicamente tres empresas, y en pesticidas, aparte de la participación importante de GUANOMEX en esta rama,38/ tres empresas manejaban cerca de 40% de la producción.

En tanto que se iba desarrollando una industrialización parcial, orientada principalmente a la sustitución de importaciones de bienes de consumo, el resto de las actividades económicas desempeñaba un papel subordinado. Así, mientras que el gobierno se prodigaba en conceder protección y estímulos a la industria (aranceles y controles cuantitativos de las importaciones, bajas tasas impositivas, exenciones de impuestos y subsidios, estabilidad cambiaria, etc.), la agricultura se encontraba en condiciones de subordinación productiva, fiscal y financiera que la llevaron a un periodo de estancamiento a

---

37/ Véanse los cuadros 4 y 5, en el anexo 1.

38/ Véase NAFINSA, Estructura del consumo de productos petroquímicos en México: 1967-1977, México (mimeo), 1971, citado en Wionczek, Miguel, et al., op. cit., pp.138-139.

partir de mediados de los sesenta . Esta situación vendría a ser parcialmente enfrentada en el sexenio 1970-1976, entre otros intentos, con programas de producción masiva de amoniaco, como insumo esencial para la producción de fertilizantes.

A otro nivel, la característica marcadamente urbana del proceso de industrialización (la cercanía a los grandes centros de consumo determinó la localización de las empresas) trajo aparejado un abandono relativo, público y privado, de regiones del país donde existían recursos naturales suficientes para promover su desarrollo. Este fenómeno también llegaría a constituir un factor importante en la estrategia de desarrollo regional del sexenio 1970-1976, con su consecuente influencia en la localización de las plantas petroquímicas.

No es sorprendente que, dentro del tipo de desarrollo económico que prevaleció en México, sea el sector empresarial el que haya ganado mayor espacio político y el que más haya fortalecido su organización. Frente al compromiso fundamental de los gobiernos federales, desde los años cincuenta , de mantener altas tasas de crecimiento económico, el poder de este sector fue mayor que el de otros. Desde el surgimiento de fuertes grupos industriales, tanto extranjeros como nacionales, después de la Segunda Guerra Mundial, se hizo evidente la división del trabajo entre los empresarios y el Estado en el proceso de industrialización. Mientras que este último crearía la infraestructura necesaria y mantendría la disciplina de la fuerza de trabajo, los primeros se dedicarían a satisfacer las demandas del mercado de consumidores. Sin embargo, "la negociación entre Estado y gran empresa ha sido constante y muchas veces conflictiva, pues mientras que el gobierno tiene que adaptar sus políticas en función de las demandas de coalición que preside y cuyos intereses no es siempre posible conciliar, el Estado sostiene la necesidad de una 'economía mixta' como única forma de tener el campo de maniobra necesario para presidir sobre la multiplicidad de intereses en que se sustenta".39/ La industria petroquímica ha sido siempre un ejemplo claro del tipo de tensiones que existen en una economía mixta entre el Estado y la iniciativa privada, en relación no sólo a la delimitación de su esfera de acción, sino también a potencialidades y limitaciones del sector en su conjunto: tipo y ritmo de crecimiento, desarrollo tecnológico, importaciones y precios-subsidios, entre otros.

39/ Meyer, Lorenzo, "Veinticinco años de política mexicana", en Comercio exterior, vol. 25, núm. 12, México, Banco Nacional de Comercio Exterior, diciembre de 1975, p.1341.

II. SITUACIÓN DE LA PETROQUÍMICA BÁSICA EN 1970

Al iniciarse el decenio de los setenta , el marco legal dentro del cual se desarrollaba la industria petroquímica seguía determinado por la ley petrolera de 1958 y su reglamento, emitido el año siguiente.40/ Correspondía al Estado, a través de Pemex, elaborar los productos petroquímicos básicos, entendidos éstos como los derivados de la primera transformación física o química de los hidrocarburos o productos de refinación. En la elaboración de los productos petroquímicos secundarios, que son los que provienen de transformaciones subsecuentes, podía intervenir la iniciativa privada, con o sin participación estatal, pero con la obligación de constituirse con una mayoría de capital mexicano (60%). Conformaban una excepción los petroquímicos de interés económico y social, fundamentales para el país, cuya producción estaba también a cargo de Pemex o de empresas de participación estatal, formadas íntegramente por mexicanos.

Aunque las disposiciones legales proporcionaban los criterios básicos para la clasificación de los productos petroquímicos, con cierta frecuencia se manifestaban diferencias de interpretación al respecto, en particular, en el caso de los productos "de interés económico y social". A pesar de haberse emitido una lista de los productos cuya elaboración correspondía a Pemex, para cada uno adicional se repetía el problema de su categorización, originándose así un clima de incertidumbre poco favorable para el desarrollo de la industria petroquímica secundaria. Por esta razón, entre otras, se había formado una comisión petroquímica, órgano técnico consultivo y de investigación, en la cual participaban los titulares de cada una de las tres entidades públicas directamente relacionadas con esta industria: Pemex, SEPANAL y SIC. En casos de duda, la comisión debía presentar al ejecutivo recomen

---

40/ Véase el capítulo I, pp.18 y 21.

daciones que permitieran determinar si la elaboración del producto en cuestión quedaba dentro o no del campo de acción estatal.

La comisión también tenía a su cargo, entre sus responsabilidades, el manejo de otro de los instrumentos de control del desarrollo de la industria petroquímica: el otorgamiento de permisos de inversión a los particulares interesados en elaborar productos derivados. En cada caso se consideraban las características de los productos y de los procesos, la disponibilidad de materias primas, el tamaño del mercado actual y futuro, la localización y la capacidad de producción de las instalaciones propuestas, los costos de operación y los efectos sobre la balanza de pagos (utilidades, patentes, regalías, origen de las inversiones, etcétera).

En 1970, último año del gobierno de Díaz Ordaz, se abrigaba la esperanza de que la industria petroquímica constituyera un factor dinamizador del proceso sustitutivo de importaciones. Esto apareció claramente en ciertas declaraciones de la dirección de Pemex, como en ésta: "En nuestro desarrollo ya pasó la etapa en que se sustituían con facilidad importaciones; queda, sin embargo, un amplio campo para seguir remplazando importaciones con producciones que, por su tecnología e inversiones, resultan complejas. Entre ellas, por su cuantía y valor, por la tendencia de la demanda, las petroquímicas básica y secundaria son decisivas. Quedan muchos productos por lanzar al mercado, tanto básicos como secundarios".41/ Por otra parte, y considerando los crecientes incrementos de la demanda y los bajos niveles de capacidad instalada de las plantas existentes, la empresa planteó la conveniencia de instalar plantas "virtualmente gigantescas... (que) son una necesidad no sólo para estar en la misma economía de escala que poseen las grandes empresas mundiales, sino también para poder disponer durante tres o cuatro años de colchones de excedentes..., eliminando, así, la persecución de la demanda con unidades de pequeña capacidad y más altos costos unitarios en la elaboración".42/ Pero, en ese momento, la situación financiera de la empresa no le permitía llevar a cabo un programa de expansión que correspondiera a los objetivos planteados a nivel del discurso político. Sin embargo, las inver

---

41/ Pemex, Informe del director general, México, Pemex, 18 de marzo de 1970, p.26.

42/ García Luna, José Luis, "Exitos y problemas de la petroquímica básica", en IMIQ, México, IMIQ, diciembre de 1970, p.25. Véase también, Pemex, Informe del director general, op. cit., p.25.

siones en la industria petroquímica básica, en 1970, no fueron nada despreciables (567 millones de pesos), ya que representaron 12% del monto total invertido por Pemex y casi el doble de los recursos asignados al área de refinación.43/

Como resultado del programa desarrollado en los años sesenta, en 1970 la capacidad instalada en la IPB ascendió a cerca de 2.4 MMton/año, distribuidas en 37 plantas.44/ Se tenían, además, 26 unidades de proceso en proyecto, de las cuales ocho se encontraban en fase de construcción.45/ Las plantas en operación estaban agrupadas en 11 complejos, en función de las materias primas que las abastecían y de la producción de los diversos derivados que se obtenían a partir de un mismo insumo. Así, seis de ellos estaban integrados a centros de refinación y tres se encontraban en la proximidad de una refinería. Entre los principales complejos destacaban el de Minatitlán, Veracruz, que comprendía siete plantas productoras de aromáticos a partir de las naftas de la refinería, ubicada en el mismo lugar, y el de Pajaritos, Veracruz, donde se hallaban cinco plantas en operación y seis en construcción, destinadas a la producción de etileno y sus derivados.

Tanto el volumen de producción como el grado de diversificación alcanzados en 1970 reflejan los adelantos que había experimentado la IPB. En efecto, de 1960 a 1970 la producción bruta aumentó a 5 productos, con un volumen total de 57 Mton, a 26 y 1.9 MMton,46/ con el aprovechamiento de 83% de la capacidad productiva en este último año.47/ En el mismo decenio, la participación del sector básico en la producción de la industria petroquímica se incrementó progresivamente de 14 a 44 por ciento. El crecimiento medio anual del sector secundario (17%), aunque no alcanzó las tasas registradas en la industria petroquímica primaria (42%), fue marcadamente supe-

---

43/ Pemex, Memoria de labores, 1970, México, Pemex, 1971, p.41. La proporción de la inversión de Pemex destinada a la petroquímica básica fue ligeramente superior si se tiene en cuenta la inversión en plantas de almacenamiento y distribución, ductos y equipo de transporte, para productos petroquímicos.

44/ Véanse el cuadro 6 y el mapa 1, en el anexo 1.

45/ Pemex, Memoria de labores, 1970, op. cit.

46/ Véase el cuadro 3, en el anexo 1.

47/ Esta relación resulta de la comparación de la producción en 1970 con el promedio de la capacidad instalada en el periodo 1969-1970, con el fin de eliminar el efecto de las plantas en fase de arranque en el año considerado.

rior al de la industria en su conjunto (8.8 por ciento).48/

En 1970, la producción petroquímica de Pemex, complementada con 35 Mton de amoniaco producidas por GUANOMEX, permitió que se satisficiera 84% del consumo nacional aparente, lo que significaba un cambio drástico con respecto a 1960, cuando esta relación sólo alcanzaba 37 por ciento.49/

Con el fin de analizar la correspondencia entre las estructuras de la producción y del consumo, se seleccionó una muestra compuesta de 19 de los 26 PPB elaborados en 1970, agrupados en seis categorías, de acuerdo a su principal producto de origen: metano, etano, propano, butano, butilenos, ácido sulfhídrico y naftas (cuadro II.1).50/

En términos generales, destaca el equilibrio alcanzado en dichas estructuras para tres de los grupos: los derivados del metano, del propano y del ácido sulfhídrico. En cambio, los aromáticos tenían una participación relativa en la producción total, superior a su distribución en el consumo global; mientras que en el caso de los derivados del etano se daba la situación inversa. En cuanto al butadieno, materia prima del hule sintético, en 1970 aún no se había iniciado su elaboración en el país, a pesar de existir una demanda relativamente importante.

La estructura del volumen de producción evidencia la importancia otorgada al amoniaco desde el inicio de la IPB en México, dada su contribución, directa o indirecta, a la disponibilidad de fertilizantes.51/ En 1970, este producto representó 36% de la producción global considerada en la muestra. Sin embargo, las cuatro plantas de amoniaco en operación, cu-

---

48/ Esta última tasa se refiere a la evolución del producto industrial de 1960 a 1970, a precios constantes. Véase Banco de México, Indicadores económicos, México, Banco de México, 1983. Respecto a la TMCA del sector secundario,véase IMP,1973 op. cit., pp.1-3 y 1-6.

49/ Véase el cuadro 3, en el anexo 1. La aparente desproporción entre la producción bruta de Pemex (1931 MTon) y el consumo aparente (1560 MTon) se debe a que la cifra de producción incluye 473 MTon de anhídrido carbónico que no se consumen, ni se exportan debido a su bajo valor comercial.

50/ La muestra considerada en el cuadro mencionado representa aproximadamente 90% de la producción total de Pemex en 1970. El uso de cada PPB se encuentra en el anexo 1, cuadro 1.

51/ El amoniaco se utiliza principalmente para la producción de urea. En menor proporción se usa como fertilizante por aplicación directa al suelo y para la elaboración de otros productos secundarios, como el acrilonitrilo.

CUADRO II.1

Producción y consumo de los principales PPB en 1970

	PRODUCCION volumen		PRODUCCION valor		IMPORTACION		EXPORTACION	CONSUMO a/	
	Miles de toneladas	Participación en total (%)	MM de pesos	Participación en total (%)	Miles de toneladas	Participación en consumo	Miles de toneladas	Miles de toneladas	Participación en total (%)
GAS NATURAL									
Derivados del metano	619	50	378	27	76	-	-	708	49
Amoníaco	454	27	300	21	74	14	-	528	37
Anhídrido carbónico	146b/	36	48	3	2	1	-	161	11
Metanol	19	1	30	2	-	-	-	19	1
Derivados del etano	158	13	421	30	101	39	-	259	18
Etileno	60	4	95	7	-	-	-	60	4
Acetaldehído	17	1	40	3	25	60	-	42	3
Polietileno BD	26	1	159	11	26	50	-	52	4
Cloruro de vinilo	19	1	52	4	18	49	-	37	3
Dicloroetano	36	2	75	5	-	-	-	36	3
Oxido de etileno	-	-	-	-	12	100	-	12	1
Polietileno AD	-	-	-	-	15	100	-	15	1
Percloroetileno	-	-	-	-	5	100	-	5	<1
Derivados del propano	98	8	215	15	21	18	1	118	8
Propileno	46	3	22	2	-	-	-	46	3
Isopropanol	3	<1	7	<1	4	57	-	7	<1
Dodecilbenceno	49	3	186	13	-	-	1	48	3
Polipropileno	-	-	-	-	9	100	-	9	1
Acrilonitrilo	-	-	-	-	8	100	-	8	1
Derivados butano/butilenos	-	-	-	-	44	100	-	44	3
Butadieno	-	-	-	-	44	100	-	44	3
Derivados ácido sulfhídrico	60	5	20	1	-	-	-	60	4
Azufre	60	3	20	1	-	-	-	60	4
NAFTAS									
Aromáticos	302	24	381	27	8	3	65	245	17
Benceno	77	5	98	7	-	-	38	39	3
Tolueno	89	5	98	7	-	-	1	88	6
Xilenos	42	2	48	3	2	11	26	18	1
O-xileno	14	1	20	1	2	13	-	16	1
Estireno	28	2	84	6	4	13	-	32	2
Aromáticos pesados	38	2	16	1	-	-	-	38	3
Hexano	14	1	16	1	-	-	-	14	1
TOTAL	1237	100 100	1415	100 100	250		66	1434	100 100

a/ No incluye la variación de inventarios.

b/ No incluye el anhídrido carbónico venteado a la atmósfera.

Fuente: Elaboración propia a partir de Pemex, Memoria de labores, 1971, México, Pemex, 1972 e IMP, op. cit., 1973.

ya capacidad nominal totalizaba 613 Mton/año, no fueron suficientes para satisfacer la demanda nacional y se importaron 74 Mton, es decir, 14% del consumo nacional aparente. Debido a la política explícita de bajo precio para el amoniaco, y en particular a la disminución de éste en 15% a fines de 1970,52/ su participación en el valor de la producción total sólo alcanzó 20 por ciento.

El anhídrido carbónico se obtiene, en elevada proporción, como subproducto en la producción de amoniaco. Pero sus limitados usos (elaboración de urea y hielo seco, principalmente), obligaban a Pemex a ventear la mayor parte de la producción a la atmósfera, proporción que en 1970 alcanzó 75 por ciento.

El segundo grupo en importancia era el de aromáticos —derivados de naftas o gasolinas naturales—, con 24% de la producción total (y 27% en términos de valor). Estos productos se utilizan, principalmente, como solventes y materias primas para fibras sintéticas, plastificantes y detergentes. Se importaron pequeñas cantidades de xilenos, orto-xileno y estireno, mientras que la producción nacional satisfizo el consumo de hexano, aromáticos pesados, benceno y tolueno, y permitió exportar excedentes de producción en estos dos últimos casos.

La participación de los derivados del etano en la producción total fue marcadamente superior en valor (30%) que en volumen (13%). El etileno, que se autoconsume íntegramente por Pemex, permitió la elaboración de cuatro derivados básicos, aunque en una proporción inferior a la demanda. Por otra parte, algunos de los derivados del etileno aún no se elaboraban en el país, tal como el óxido de etileno, utilizado en forma más elaborada en la producción del polímero para fibras poliester, y cuyo consumo se había incrementado paralelamente a la producción de este último, y el polietileno de alta densidad, insumo que se usa en el campo del moldeo para la elaboración de una gran variedad de artículos.

Aunque el azufre representaba, en volumen, 5% de la producción total, su bajo valor comercial limitaba su participación en valor a 1 por ciento.

La línea de productos derivados del gas propano se encontraba en una fase incipiente, y constaba principalmente, de propileno y dodecilbenceno; este último fue el precursor de la IPB en México.53/

En 1970, casi 34% del volumen de producción petroquímica de Pemex fue consumido por la propia empresa. Las ventas nacionales, que ascendieron a un poco menos de 1 MMton, represen

---

52/ Véase Pemex, Informe del director general, México, Pemex, 18 de marzo de 1971.

53/ Véase el capítulo I, p.16.

taron ingresos por 12.9 millones de pesos. Su participación en las ventas internas totales de Pemex alcanzó así 9.6% en 1970, comparado con 3.2% en 1960.54/

Como se señaló en el capítulo anterior, en 1970 los precios internos reales de los PPB se encontraban en un nivel inferior al de 1960 –se subsidiaba implícitamente al sector petroquímico secundario–, con respecto al índice general de precios. Sin embargo, para la mayoría de los productos, los precios eran superiores a los prevalecientes en el mercado internacional.55/ Esto había sido la consecuencia de los elevados costos de producción en México, en comparación con los de los países industrializados, dado que varias de las plantas en operación en 1970 tenían niveles de capacidad nominal por debajo de los llamados mínimos económicos.56/

En 1970, las exportaciones de PPB se limitaron a algunos excedentes temporales de producción de aromáticos, con un volumen total de 66 Mton, que representó sólo 3.4% de la producción.57/ Las importaciones, por su parte, se elevaron a 276 Mton y el déficit de la balanza comercial alcanzó 92 millones

---

54/ Pemex, Memoria de labores, 1965 y 1970, México, Pemex, 1966 y 1971.

55/ Aunque algunas fuentes señalan que el criterio de Pemex para la fijación de los precios era que éstos no superaran en 15% el nivel establecido en Estados Unidos, los datos obtenidos no confirman lo anterior. Las fuentes señaladas se refieren a Alonso González, Francisco, Historia y petróleo. México: el problema del petróleo, Madrid, Ayuso, 1972, p.264, e IMP, División de Estudios Económicos y Planeación Industrial. (com. per.). Una comparación de los precios vigentes en México y Estados Unidos se encuentra en el cuadro III-14, en el capítulo III, p.92-93

56/ Este era el caso, por ejemplo, de las plantas de etano, etileno, propileno, metanol y acetaldehído. (Véase Wionczek, Miguel, et al., op. cit., p.134). En contraste con esta observación, un estudio realizado por NAFINSA señala que, en 1968, "en la mayor parte de los casos (productos básicos e intermedios), la tecnología utilizada era comparable a la que se emplea en los países avanzados". NAFINSA, Estructura del consumo de productos petroquímicos en México, 1967-1977, México, NAFINSA (mimeo), 1971.

57/ En 1970, el volumen de exportaciones disminuyó en 38% con relación al año anterior, debido a que la planta productora de aromáticos tuvo largos periodos fuera de operación por trabajos de mantenimiento. Véase Pemex, Memoria de labores, 1970, op. cit., p.22.

de pesos.58/

Dada la política de sustitución de importaciones y la propia legislación petroquímica, que estipulaba que esta rama debía dedicarse fundamentalmente a abastecer el mercado interno, la exportación de PPB se convirtió en un objetivo secundario. Tanto en el sector básico como en el secundario, la ampliación de la planta productiva estuvo orientada a satisfacer la demanda de los productos de mayor consumo interno, otorgándose poca atención a los aspectos de competitividad a nivel internacional.59/ No obstante lo anterior, desde 1967 existían apreciaciones favorables en cuanto a las perspectivas de exportaciones de productos petroquímicos, fundamentadas, en parte, en la disponibilidad de hidrocarburos en México.60/

A pesar del considerable proceso de sustitución de importaciones de PPB en la década de los sesenta , en 1970 el país era autosuficiente en sólo ocho productos, y de los 24 importados, nueve aún no se producían en el país. Pemex efectuó parte de las compras petroquímicas externas (90Mton)61/ con un valor que representó 24% de sus importaciones petroleras totales. Aunque parte de las importaciones de PPB era la consecuencia de la sa-

---

58/ En el año considerado, la balanza comercial de hidrocarburos y derivados de Pemex arrojó un déficit total de 48.8 millones de pesos. Ibidem.

59/ En 1971, las exportaciones de productos petroquímicos —básicos y secundarios— representaron sólo 2.1% de las exportaciones manufactureras que, a su vez, participaron con 25% en las exportaciones totales del país. El elevado nivel de protección efectiva a la industria petroquímica implicaba un sesgo contra las exportaciones. Por otra parte, la iniciativa privada invocaba, como obstáculos a las ventas petroquímicas externas, el alto costo de sus materias primas (PPB), en comparación con los precios vigentes en el mercado internacional, la baja productividad de la mano de obra y la reducida escala de producción. Véase Wionczek, Miguel, S., *et al.*, *op. cit.*

60/ En un estudio elaborado en 1967 por NAFINSA-ONUDI se recomendaba establecer una capacidad orientada a la exportación hacia Europa occidental para diversos productos, como benceno, tolueno, ciclohexano, acrilonitrilo, estireno, etileno, butileno, amoniaco, y otros. Véase NAFINSA-ONUDI, *Promoción de exportaciones mexicanas de productos manufacturados*, México, NAFINSA, (mimeo), 1967.

61/ El resto de las importaciones de PPB se realizó directamente por particulares. En regla general, Pemex se responsabilizaba de las importaciones de PPB cuya producción nacional era insuficiente, mientras que la iniciativa privada se encargaba de las compras de productos que aún no se elaboraban en el país.

turación de la capacidad de producción, también se importaban algunos productos para los cuales la tasa de utilización de la capacidad instalada era muy baja (vr. acetaldehído y etilbenceno).62/

Si bien, entonces, la insuficiencia de la producción nacional se debía a la imposibilidad, por parte de Pemex, de expandir la capacidad productiva al ritmo exigido por la demanda, tanto de nuevos PPB como de aquellos ya elaborados internamente, también evidenciaba algunos de los problemas internos de la empresa y de la industria petroquímica en su conjunto.

Por una parte, Pemex se enfrentaba a cuellos de botella provocados por retrasos en ingeniería, errores en los cálculos de insumos y retrasos en el abastecimiento interno y externo de equipos.63/ También surgían desequilibrios temporales debido a la necesidad de modificar ciertos proyectos en función de prioridades impuestas por los descubrimientos de yacimientos de hidrocarburos.64/ De alguna manera, estos problemas evidencian las dificultades encontradas por la empresa en la programación simultánea de acciones relacionadas con diferentes áreas de la industria petrolera. A pesar de haberse elaborado planes en Pemex/IMP, no se seguía, a nivel operativo, una estrategia integrada para esta industria en su conjunto. Ciertos obstáculos previsibles se detectaban cuando ya estaban surgiendo, lo que provocaba un cambio de prioridades y una redistribución de los recursos, con la consecuente demora en la ejecución de los proyectos.

Por otra parte, una de las funciones de la comisión petroquímica, concerniente a la elaboración periódica de programas que pudieran normar el desarrollo de las ramas petroquímicas, no llegó a cumplirse.65/ Esto trajo como consecuencia ciertos problemas de coordinación entre la empresa estatal y la inicia

---

62/ Véase el cuadro 6, en el anexo 1.

63/ Por ejemplo, en 1970, un requerimiento de etileno mayor del previsto como insumo para los complejos petroquímicos de Pajaritos y Cosoleacaque, Ver., obligó a que la planta de acetaldehído trabajara sólo a 50% de su capacidad y a que se atrasara la construcción de la planta de óxido de etileno. Véase Pemex, Informe del director general, op. cit.

64/ En Poza Rica, por ejemplo, se había planeado la utilización del gas del casquete para las plantas criogénica y de etileno; después, el gas sería reinyectado para mantener la producción en el campo. Sin embargo, debido a nuevos descubrimientos, se contó con gas suficiente para alimentar ambas plantas sin recurrir al gas del casquete. Ibidem.

65/ Wionczek, Miguel S., et al., op. cit., p.130.

tiva privada. En algunas ocasiones, Pemex se encontró con un exceso de capacidad de producción debido a la cancelación de proyectos, por parte del sector privado, después de haber adquirido el permiso correspondiente, o a los atrasos en su ejecución.66/ En otros casos, se produjo la situación inversa, al no poder Pemex abastecer oportunamente de PPB al sector secundario.

En los sesenta , debido a la brecha existente entre la disponibilidad de recursos tecnológicos internos y la complejidad de los procesos de producción petroquímica, se recurrió a la importación de la mayor parte de la tecnología. La legislación petroquímica de 1958-1959 no había considerado un aspecto fundamental, a pesar de haber surgido en la discusión previa a su expedición: la modalidad y el costo de la transferencia de tecnología. Al iniciarse el decenio de los setenta , se manifestó una mayor preocupación por los aspectos tecnológicos del desarrollo económico del país. La magnitud del gasto en tecnología importada, particularmente en equipos y materiales, agudizaba el problema de la balanza de pagos. Además, con frecuencia, las condiciones de su adquisición incluían restricciones a la exportación de la producción, al abastecimiento de ciertos materiales de fuentes específicas, etc. Por otra parte, la tecnología petroquímica a nivel mundial se orientaba, en forma creciente, hacia la producción en gran escala, lo que dificultaba su aplicación en países con mercados internos limitados. Se requería, así, de un esfuerzo de innovación para adaptar la tecnología originada en los países industrializados a las condiciones locales, no sólo en cuanto a tamaño de mercados, sino también por las diferencias en la disponibilidad y costos de materias primas y materiales de construcción, calificación de mano de obra, etc.67/ La creación, en 1965, del IMP,

---

66/ Este fue el caso de la planta de ciclohexano que entró en operación en 1967 en Minatitlán, Ver. Debido al retraso en los proyectos del sector privado para elaborar fenol y coprolactama, la producción de ciclohexano, insumo de los dos productos mencionados, fue limitada y esporádica. En 1969 y 1970 la producción alcanzó apenas 1.9 Mton y 360 ton, respectivamente, en comparación con las 85 Mton de capacidad instalada. Véase Tamayo, E., "Los aromáticos y sus derivados", en IEPES. Reunión popular para la planeación. Tema: energéticos y desarrollo nacional, 5a. y 6a. mesas de trabajo, México, IEPES, 1982, p.128.

67/ La industria petroquímica es una industria típica de tecnología de proceso. Las tecnologías utilizadas son complejas, tanto por los procesos químicos involucrados como por las diferentes alternativas que existen en relación a los productos, procesos y materias primas. Los procesos son continuos, de pre ya reflejaba estas preocupaciones, puesto que sus funciones incluían el desarrollo de tecnologías propias, la ingeniería de productos y el apoyo a los usuarios de tecnología, para la industria petrolera y petroquímica. Sin embargo, para 1970, debido a su recién creación, el IMP no tenía todavía un impacto significativo en las actividades petroquímicas, aunque ya se había iniciado el desarrollo de procesos y la evaluación de productos en plantas piloto , así como la ingeniería de varios proyectos petroquímicos de Pemex.68/

En 1970, la IPB ocupaba a 1 550 personas, es decir, 2.2% del personal total de Pemex.69/ Una de las características de la industria petroquímica, ligada a su alto grado de automatización, es la poca utilización de mano de obra. En el año considerado, el capital invertido (activo total) por persona ocupada en la industria petroquímica básica se elevaba a 665 000 pesos en la IPB, comparado con un promedio de 99 000 pesos para la de transformación en su conjunto.70/

Si bien la IPB cubrió sus costos de producción en 1970,71/ no generaba suficientes utilidades para soportar los gastos de inversión que requería su expansión. En contraste con otras ramas industriales donde el crecimiento requiere de inversiones más cercanas al rango de recursos que se generan, difícilmente se podían esperar condiciones similares en el caso de la industria petroquímica básica. En efecto, no sólo este sector es particularmente intensivo en capital, sino que además se encontraba en su fase incipiente y frente a una demanda que crecía con gran rapidez, tanto en términos de volumen, como de nuevos productos. Además, la política de bajos precios para los productos de Pemex, asumida desde la nacionalización, impedía que éstos se ajustasen de acuerdo a las necesidades de financiamiento de la empresa.

En vísperas del cambio de administración, la magnitud de los recursos de inversión requeridos era, pues, una de las principales preocupaciones de Pemex. Según los informes de la dirección de la empresa, parte del capital invertido en la in-

---

Cont...
siones y temperaturas elevadas, con balances de materiales y de energía muy precisos; esto hace difícil adaptar un proceso, ya que muchas veces un pequeño cambio implica la necesidad de rediseñarlo todo.

68/ Véase Pemex, Memoria de labores, 1970, op. cit., p.37.

69/ Véase el cuadro 12, en el anexo 1.

70/ Véase Giral, José, et al., La industria química en México, México, Redacta, 1978. Los datos citados provienen del IX Censo Industrial (1970).

71/ Véase el capítulo III, p.91.

dustria petroquímica provenía del sector de refinación.72/ Sin embargo, en 1970, también la planta refinadora necesitaba considerables modificaciones y ampliaciones, con lo que se agudizó el problema de asignación de recursos entre las diferentes áreas de la empresa.

72/ Véase Pemex, Informe del director general, México, Pemex, 18 de marzo de 1972, p.14.

III. EVOLUCIÓN DE LA PETROQUÍMICA BÁSICA, 1970-1982

Políticas y programas

Durante todo el periodo 1970-1982, el objetivo fundamental perseguido en la IPB fue alcanzar la autosuficiencia nacional en la mayoría de los productos básicos requeridos por la industria petroquímica secundaria y otros sectores productivos. Sin embargo, y a pesar de la creciente magnitud de las inversiones de Pemex en esta rama, en ningún momento la producción nacional pudo satisfacer la demanda, que también registró fuertes incrementos.

Se pueden distinguir dos fases en la evolución de la IPB (cuadro III.1). De 1970 a 1976, la capacidad productiva se amplió de manera moderada aunque sostenida, lo que reflejaba, en estos primeros años del decenio, lo limitado de los programas de inversiones, debido principalmente al escaso capital disponible. En contraste, de 1977 a 1982, la capacidad instalada se triplicó, clara evidencia de un programa de inversiones de mayor envergadura. Este nuevo periodo de la industria petroquímica básica se inició realmente a partir de 1974, cuando diferentes factores se conjugaron para dar una importancia estratégica a esta rama, ya no sólo a nivel del discurso político, sino en términos de realizaciones. En particular, los descubrimientos de nuevos campos petroleros y la elevación de los precios internos de los productos de Pemex proporcionaron los recursos económicos necesarios para iniciar un importante programa de expansión petroquímica.

En las siguientes secciones se presenta el marco dentro del cual se desenvolvió la IPB en el periodo considerado, es decir las disposiciones legales e institucionales implantadas,

CUADRO III.1

Capacidad instalada en petroquímica básica, 1970-1982

(Mton)

Año	Capacidad nominal instalada/año a/	Capacidad nominal acumulada
1970	53.5	2 349.4
1971	145.3	
1972	495.7	
1973	308.8	
1974	759.4	
1975	350.2	
1976	630.6	5 039.4
1977	1 345.1	
1978	1 274.8	
1979	180.5	
1980	1 046.6	
1981	2 789.2	14 883.1
1982	3 207.5 b/	

a/ Incluye ciertas modificaciones periódicas de las capacidades, en función de su operación real.

b/ Se disponía, en forma adicional, de 148 500 BD de capacidad.

Fuente: Pemex, Memoria de labores, 1970-1982, México, Pemex, 1971-1983.

las medidas de política adoptadas y los principales rasgos de los programas diseñados.

El sexenio 1970-1976

Una de las primeras medidas tomadas por la administración del presidente Luis Echeverría fue la promulgación, en diciembre de 1970, del Nuevo Reglamento de la Ley Reglamentaria del Artículo 27 Constitucional en el ramo del petróleo, en materia de petroquímica, el cual derogó las disposiciones legales previas en este campo y que ha regido a la industria petroquímica desde entonces.73/ Las razones que dieron lugar a este reglamento fueron fundamentalmente: a) la necesidad de "definir con precisión aquello en que consiste la referida industria petroquímica y delimitar, con mayor claridad, el campo de acción que se reserva a la nación y aquel en que pueden intervenir los particulares, así como los procedimientos para la obtención de los permisos y autorizaciones respectivos" y b) la conveniencia de "dar vida jurídica a la comisión petroquímica que desde hace varios años ha venido funcionando".74/

Entre las modificaciones introducidas en la legislación petroquímica destacan las mayores atribuciones de la SEPANAL. La ley concentró en esta secretaría el otorgamiento de permisos para la elaboración de productos secundarios, lo que facilitó su tramitación, ya que, anteriormente, se requería de las firmas de dos secretarios de Estado y la del propio presidente de la República. La SEPANAL quedó también como responsable del control y manejo de la industria petroquímica, mediante la definición de políticas orientadas a acelerar su crecimiento, para lo cual contaría con la asesoría permanente de la comisión petroquímica mexicana.

Por otra parte, la nueva reglamentación precisó las disposiciones sobre la composición del capital social de las empresas petroquímicas privadas. Se definió con mayor claridad el tipo de accionistas que tenían derecho a suscribir el capital nacional (60% del capital social) y se aclararon las condiciones en que podía hacerse dicha suscripción.75/

Aunque resulta difícil evaluar el impacto de la nueva reglamentación, se estima que ha tenido los siguientes logros y limitaciones:

a) En general, la clasificación de los productos petroquímicos no causó más problemas. Sin embargo, al no actualizarse la legislación petroquímica después de 1971, en tanto

---

73/ El Reglamento, que fue publicado el 9 de febrero de 1971, en el Diario Oficial, se encuentra en el anexo 2.

74/ Ibidem.

75/ La suscripción nacional debía ser nominativa y estaba reservada a personas físicas de nacionalidad mexicana, empresas con cláusula de exclusión de extranjeros y empresas en que la mayoría del capital estuviera suscrito por mexicanos, siempre que en términos netos no se alterara la estructura exigida por aquél. La parte de suscripción libre podía alcanzar hasta 40% del capital social y ser al portador, pero no podía ser suscrita por gobiernos extranjeros.

que el desarrollo tecnológico en este campo fue particularmente dinámico, se produjeron situaciones paradójicas entre el espíritu de la ley y las condiciones reales. En efecto, para ciertos productos secundarios (vr. glicoles etilénicos y alcoholes de alto peso molecular) se siguió utilizando, con la participación de Pemex y del sector privado en distintas fases de su elaboración, una tecnología cara y obsoleta. Con los procesos modernos existentes, estos productos podrían perfectamente haberse obtenido en una sola transformación, con lo cual tendrían que ser reclasificados en productos básicos y quedar a cargo exclusivamente de la empresa estatal. Pero por no querer enfrentar posibles conflictos con la iniciativa privada, se corrió el riesgo de incurrir en graves ineficiencias, lo que ha ocasionado una sensible pérdida de competitividad en el exterior.76/

b) La simplificación administrativa, por medio de la centralización de responsabilidades de gestión y ejecutivas en una sola dependencia gubernamental (SEPANAL), reflejó la voluntad política de "agilizar" los trámites e inducir así la concesión de los permisos petroquímicos. Mientras que entre 1958 y 1970 el número de permisos otorgados fue de 137, tan sólo en el año de 1971 se expidieron 62. Con esta medida se facilitó también la introducción de modificaciones en los permisos, por parte de los empresarios, las cuales surgían como consecuencia del rápido crecimiento de esta rama y de la posibilidad de incorporar innovaciones técnicas.

c) Debido, probablemente, al énfasis en la sustitución de importaciones en el momento en que fue revisada la ley, no se encuentra en ella ningún pronunciamiento sobre los aspectos de competitividad (políticas de precios, de comercio exterior, de producción —costos, procesos, productos, tecnología, investigación—, etc.), a pesar de su importancia, tanto en términos de las perspectivas de crecimiento de la industria y de la incorporación de nuevos productos, como de las posibilidades de exportación.

d) Considerando la estrecha relación entre los dos sectores que conforman la industria petroquímica en México y las dos instancias que participan en el desarrollo de las mismas (el Estado y la iniciativa privada), resultó particularmente relevante asignar la formulación de programas de mediano plazo a la comisión petroquímica, en los cuales se determinarían los lineamientos globales de esta industria. Sin embargo, los estudios realizados por ésta77/ no tuvieron un carácter normativo para

76/ Véase Perezgasga Tovar, Flavio, "La industria petroquímica en México", en Investigación económica, núm.148-149, México, UNAM, abril-septiembre de 1979, pp.361-362.

77/ La mayoría de estos estudios no son de carácter público.

Pemex y quedaron limitados, aparentemente, a apoyar los programas elaborados por la SEPANAL/SEPAFIN. Los intentos de programación de otras entidades involucradas en la industria petroquímica se concretaron, principalmente, a diagnósticos de la rama. En 1967, se encomendó al IMP la planeación a largo plazo del desarrollo de la industria petrolera y petroquímica básica. Los planes tenían como fin ofrecer periódicamente a Pemex un diagnóstico de estas actividades y un conjunto de alternativas técnicas para su desarrollo futuro que pudieran servir de base en el proceso de toma de decisiones.78/ Sin embargo, este ejercicio tampoco recibió mayor atención por parte de Pemex y fue suspendido en 1976.79/ El último esfuerzo para lograr una visión de la problemática peculiar de cada sector que integra la industria petroquímica se realizó conjuntamente por varias entidades estatales (SPP, SEPAFIN, Pemex y FERTIMEX) y privadas (ANIQ80/) bajo la forma de un estudio, publicado en 1981, que ofrece un diagnóstico y las perspectivas de dicha industria.81/

El examen del marco institucional dentro del cual se desenvolvió la industria petroquímica quedaría incompleto si no se mencionara a la ANIQ, principal asociación de la iniciativa privada en este campo. Aunque la industria química también forma parte de la Confederación Nacional de Cámaras Industriales (CONCAMIN), y la Confederación Nacional de Cámaras de la Industria de Transformación (CONACINTRA), la ANIQ ha sido un eslabón político clave entre el gobierno y la iniciativa privada. Las reivindicaciones del sector petroquímico secundario se han centralizado en este organismo, transmitiéndose directamente por medio de su representante a las entidades estatales involucradas en él (Pemex, SEPANAL/SEPAFIN, SIC/SECOM).82/

78/ Véase IMP, Plan de desarrollo de la industria petrolera y petroquímica, 1976-1985, México, IMP, s./f., p.9.

79/ Aparte de los planes abocados a la industria petrolera en su conjunto, el IMP publicó, en 1973 y 1977, dos estudios sobre la petroquímica exclusivamente. En general, las proyecciones contenidas en los planes y estudios del IMP con respecto a esta rama, estuvieron por debajo del crecimiento experimentado debido principalmente al dinamismo que mostró la industria petroquímica secundaria.

80/ Asociación Nacional de la Industria Química.

81/ Véase SPP et al., Industria petroquímica. Análisis y expectativas, op. cit.

82/ Se han formado dos comisiones integradas por los sectores público y privado, a saber Pemex-ANIQ y SEPAFIN-ANIQ. La ANIQ se encarga también de integrar periódicamente la información sobre el sector básico, con la correspondiente a las diferentes ramas que integran el sector secundario.

La política petrolera, anunciada en 1971 por la administración del presidente Echeverría, incluía, entre sus objetivos prioritarios, seguir impulsando el desarrollo de la IPB, dada su incidencia sobre la sustitución de importaciones, el empleo y la descentralización industrial. Se esperaba lograr paulatinamente la autosuficiencia en PPB y también disponer de excedentes temporales exportables. El mismo año, el director general de Pemex manifestó que "a la petroquímica corresponde, en la actualidad, el papel que antes desempeñaron las exportaciones, las manufacturas ligeras y la creciente producción agrícola, como focos de desarrollo de la economía mexicana... Los altos requerimientos de inversión de la industria petroquímica se justifican en la medida en que contribuyen, mediante los efectos expansionistas y multiplicadores, a la solución de los problemas básicos de México: el subempleo y el bajo ingreso de los sectores populares, así como la insuficiente capacidad del país para absorber y crear innovaciones tecnológicas".83/ Se tenían, pues, importantes expectativas en cuanto al papel que desempeñaría esta rama en la economía del país.

En este momento, la economía mexicana se encontraba en un estado de deterioro económico y social que se reflejaba, principalmente, en la pérdida de dinamismo de la actividad productiva (desaceleración de la expansión industrial y disminución de la producción agrícola per cápita), en la profundización de la dependencia del exterior, en la tendencia al desequilibrio externo, en el debilitamiento de la tasa de inversión privada y de las finanzas públicas, así como en la acumulación de rezagos sociales (creciente subempleo y desempleo abierto, reducido núcleo de población que se beneficiaba del desarrollo y agudización en la concentración del ingreso).84/ A raíz de estos problemas y frente a la acentuación de los desequilibrios y desigualdades sociales y regionales, el gobierno federal concibió una estrategia industrial que ponía énfasis en la organización del espacio nacional en "polos" regionales de desarrollo.85/ Aparecieron nuevas tentativas de programación regio-

---

83/ Dovalí Jaime, Antonio, "Tendencias de la industria petrolera nacional", en El mercado de valores, año XXXI, núm.32, México, NAFINSA, 9 de agosto de 1971, p.504.
84/ Véase Blanco, Jorge, "El desarrollo de la crisis, 1970-1976", en Rolando Cordera (ed.), Desarrollo y crisis de la economía mexicana, México, Fondo de Cultura Económica, pp.297-335.
85/ "Evitaremos que los beneficios de la civilización sigan concentrándose en muy pocas zonas. Es urgente 'remodelar' el espacio económico, crear 'polos' de crecimiento allí donde las riquezas naturales y los recursos humanos sólo esperan una infraestructura". Echeverría, Luis, "Mensaje a la nación", en Excélsior, México, 2 de diciembre de 1970.

nal, así como diversas medidas de promoción y estímulo dirigidas hacia el crecimiento de las zonas de menor desarrollo relativo y la diversificación de la actividad industrial en las regiones de mayor potencial.86/ En este contexto, la industria petroquímica fue considerada como una de las actividades económicas sobre la cual podría apoyarse la ejecución de dicha política; los complejos integrados por varias plantas formarían parte de la base productiva que contribuiría a la formación de estos polos. En núcleo podría reforzarse con la industria petroquímica secundaria, ya que, en cierta medida, era posible controlar su localización, dado que ésta era uno de los factores que la comisión petroquímica tomaba en consideración en el otorgamiento de los permisos de inversión a la iniciativa privada.87/

Sin embargo, no sería sino hasta años posteriores (cuando Pemex contaría con mayores recursos económicos) que la política industrial, con su doble objetivo de descentralización y creación de polos regionales, tendría una influencia considerable en el desarrollo y localización de la industria petroquímica. En efecto, en los tres primeros años del sexenio en consi

---

86/ Estas medidas incluían, por ejemplo, el establecimiento del fideicomiso para la creación de conjuntos, parques y ciudades industriales y de ciertos subsidios y exenciones fiscales, así como la prestación de asesoría técnica y financiera a las empresas que se establecieran fuera de las zonas de concentración económica. Entre las comisiones regionales que se crearon destaca la del istmo de Tehuantepec, zona prioritaria en la estrategia de desarrollo por polos. Considerando los complejos petroquímicos instalados y por instalarse en el istmo, así como los yacimientos de azufre, sal, potasio, etc., esta comisión contaba, entre sus labores de promoción, la identificación de los productos químicos susceptibles de producirse en la zona, con el fin de promover la inversión privada. A partir de 1974 y a raíz de la nueva coyuntura petrolera, la importancia del istmo crecería aún más con el incremento de las inversiones de Pemex en esta región. Véase Unikel, L., "Ensayo sobre políticas de desarrollo regional en México", en Revista Interamericana de Planificación, Bogotá, Sociedad Interamericana de Planificación, marzo de 1976.

87/ En 1974, la SEPANAL informó que: "La petroquímica continúa contribuyendo en forma muy importante a la descentralización industrial, ya que de la inversión autorizada (en petroquímica secundaria) para 1973, 49.4% se efectuará en Veracruz, 30.3% en Guanajuato, 8.5% en el Estado de México, 4.5% en Nuevo León y el resto se distribuirá en 8 entidades, incluyendo el Distrito Federal, al que sólo corresponde 0.1% del total". El mercado de valores, año XXXIV, núm.3, México, NAFINSA, 21 de enero de 1976. p.79.

deración, la difícil situación financiera de Pemex limitó el capital disponible para inversión, y la empresa lo dedicó principalmente a resolver los problemas de escasez interna de crudo.88/ Ante esta situación, Pemex se encontraba en una especie de círculo vicioso con relación a la IPB: por un lado, la empresa consideraba que no estaba lejano el momento en que esta rama generaría sus propios recursos para inversión, a partir de la operación de nuevas plantas de mayor capacidad, con mayores economías de escala y contando con mayor experiencia en diseño y operación,89/ pero por otro, Pemex no disponía de los recursos iniciales necesarios para la construcción de dichas plantas. De 1971 a 1973, la inversión realizada en la industria petroquímica básica alcanzó 2 028 millones de pesos, es decir, sólo 32% de lo programado para todo el sexenio en esta rama (6 285 millones de pesos) y 12% de la inversión total de Pemex en estos mismos años.90/

Dado que el programa de inversiones era relativamente modesto en comparación con la intención expresada de ampliar aceleradamente la capacidad productiva, se llegó a una situación de saturación de las instalaciones y de mayor vulnerabilidad a las condiciones del mercado internacional.

Los años 1973-1974 se caracterizaron por una escasez de PPB a nivel mundial. Este fenómeno se debió tanto al embargo decretado por los países exportadores de petróleo y el consecuente incremento de los precios de los derivados, como a la insuficiente capacidad de producción de PPB debido a la reducida inversión en esta área en el decenio anterior. En efecto, en los sesenta , los precios de muchos de los productos petroquímicos disminuyeron hasta el punto de reducir los márgenes de utilidad a niveles que restringieron fuertemente las posibilidades de reinversión.91/ Como consecuencia de la escasez de

---

88/ En 1971-1972, México se convirtió en un importador de petróleo neto por primera vez en su historia.
89/ Dovalí, Jaime Antonio, *op. cit.*, p.506.
90/ *Ibidem* y cuadro 7 en el anexo 1.
91/ Además, a partir de 1970, hicieron su aparición diversos factores que cambiarían las condiciones favorables en las que se desarrolló la industria petroquímica en los decenios de los cincuenta y sesenta . Estos incluían, principalmente, la aparición de nuevos productores en países en desarrollo, el límite alcanzado en economías de escala, los rendimientos decrecientes en innovaciones técnicas y los mayores gastos involucrados en el control de la contaminación ambiental. Véase UNIDO, *First World-Wide Study of the Petrochemical Industry*, Viena, UNIDO, 1978.

PPB, sus precios se duplicaron o triplicaron en el mercado internacional. Para México, esto significó que las importaciones de productos petroquímicos se hicieron difíciles de concertar y, en todo caso, se efectuaron a precios muy por encima de los que tradicionalmente se contrataban. Así, de 1972 a 1973, las importaciones de PPB, por parte de Pemex, decrecieron 25% en volumen, mientras que en valor se incrementaron en 27%. En 1974, el valor de las mismas se duplicó, en tanto que en volumen aumentaron sólo en 26%.92/

De esta manera, en lugar de acercarse hacia la autosuficiencia en PPB, Pemex encontraba crecientes limitaciones para abastecer la demanda del sector petroquímico secundario. El amoniaco, en particular, representaba un cuello de botella para el desarrollo de la industria de fertilizantes nitrogenados. Ante la necesidad de impulsar el desarrollo agrícola y la escasez de fertilizantes a nivel mundial,93/ el gobierno de Luis Echeverría decidió dar prioridad a la inversión en esta industria. Sin embargo, la insuficiencia de materias primas (amoniaco y sulfato de amonio), limitaba la viabilidad de los proyectos en este campo.94/

En este contexto, poco favorable tanto internamente como a nivel mundial, los factores que dieron un nuevo impulso a la IPB fueron, principalmente, la mayor disponibilidad de materias primas (en particular de gas natural asociado), a raíz de los descubrimientos de campos petroleros en el sureste, y el incremento de recursos propios de Pemex, resultante del alza de los precios de sus productos a fines de 1973.95/ La ampliación de los programas petroquímicos se realizó paulatinamente. A fines de 1973, Pemex anunció que las inversiones presupuestadas para el sexenio 1970-1976 se incrementarían de 6 285 millones de pesos a 8 427 millones.96/ En 1974, la empresa petrole

92/ Véanse los cuadros III.15 y III.16, pp.95 y 97.

93/ En 1972, la producción mundial de fertilizantes enfrentó un déficit de 30% con relación a la demanda, situación que se agravó con la crisis petrolera de 1973, en vista de que 89% de los fertilizantes nitrogenados provenía de los hidrocarburos. Véase El Día, México, 9 de agosto de 1974.

94/ En 1972 y 1973, México importó 74 Mton y 116 Mton de amoniaco, respectivamente.

95/ Ante la grave situación financiera de la empresa, el ejecutivo decidió también condonar su deuda fiscal que se elevaba a 3 mil millones de pesos.

96/ Declaración de Héctor Lara Sosa, subdirector de producción industrial de Pemex, quien precisó que esta decisión se había tomado en vista de los incrementos de la demanda y de la mayor disponibilidad de materias primas a partir de los descubrimientos en Chiapas y Tabasco. Véase El Heraldo de México, México, 8 de octubre de 1973.

ra y el ANIQ se comprometieron a realizar inversiones por 30 000 millones de pesos, de los cuales 6 000 millones serían invertidos por Pemex de 1974 a 1976, y el resto por la industria petroquímica secundaria en un lapso de cinco años.97/ Los fondos asignados a la expansión de la IPB eran de una magnitud significativa, considerando que la inversión total acumulada hasta 1974 en este sector (incluyendo las obras de integración) alcanzaba apenas más de 5 000 millones de pesos (precios corrientes) 98/ y, además, que el programa petroquímico representaba 18% de la inversión total de Pemex presupuestada para el mismo periodo.99/ De hecho, en 1975, la inversión de la empresa en esta rama fue de más del doble de la realizada el año anterior.100/

Hasta 1974, la capacidad de producción de las plantas se seleccionó de acuerdo con las proyecciones de consumo interno para los tres o cuatro años siguientes a su entrada en operación. Sin embargo, ante la mayor disponibilidad de recursos, las economías de escala que podrían derivarse de la producción a gran escala, comenzaron a cobrar mayor importancia entre los criterios de selección de la capacidad a instalarse. El nuevo dimensionamiento de ciertas plantas, a un nivel comparable al de los grandes complejos petroquímicos del mundo, permitiría no solamente cubrir la demanda interna, sino además disponer de importantes excedentes exportables, los que se obtendrían —se esperaba— a un costo de producción competitivo en el mercado internacional.

La nueva estrategia, puesta en ejecución en los últimos años de la administración de Antonio Dovalí Jaime, se concretó, principalmente, en dos tipos de proyectos. La primera

---

97/ Véase Universal, México, 16 de agosto de 1974; El Heraldo de México, México, 18 de octubre de 1974; y El Sol, México, 8 de agosto de 1974. Dicho compromiso adquiría particular relevancia dentro del contexto de la drástica disminución de la tasa de crecimiento de la inversión privada. Después de registrar una TMCA de 11.3% de 1962 a 1970, ésta creció sólo en 3.1% anual en el periodo 1970-1973. Véase Blanco, Jorge, op. cit., p.321.

98/ Véase IMP, Plan de desarrollo de la industria petrolera y petroquímica básica, 1976-1985, op. cit., vol. III, parte 7, cuadro 12.

99/ Véase "Reunión de la Comisión de Energéticos", en Carta de México, núm.18, México, Secretaría de la Presidencia, 8 de enero de 1974, p.6.

100/ Las inversiones en petroquímica (incluyendo el sector de procesamiento de gas) ascendieron a 2 800 millones de pesos en 1975, comparado con 1 200 millones en 1974. Véase IMP, op. cit., vol. I, tabla 7.

elección recayó sobre el amoniaco. En 1974, Pemex contrató una empresa estadunidense (M.W. Kellog) para el desarrollo de la ingeniería de tres nuevas plantas de amoniaco, cuya puesta en operación, prevista para fines de 1976, permitiría disponer de 6 300 toneladas diarias, en comparación con las 1 700 producidas en 1974.101/ La segunda, que reflejaba mejor la nueva estrategia de la empresa, fue la correspondiente a un inmenso complejo ubicado en La Cangrejera, Veracruz, que permitiría aprovechar los crecientes recursos de hidrocarburos del sureste. Con una capacidad nominal de producción prevista de 2.8 MMton por año, repartida en 20 plantas, se incrementaría en 70% la capacidad existente en 1975.

El complejo, que tenía un costo presupuestado de 7 800 millones de pesos, era el mayor de su tipo en América Latina y uno de los más grandes del mundo: además de incluir varias plantas de máxima capacidad a nivel mundial y tecnología de punta, las veinte plantas acondicionadoras y de proceso que lo conforman fueron concebidas como un conjunto totalmente integrado, que permitiría la elaboración de una veintena de productos y subproductos. Se esperaba que la ejecución de este proyecto permitiría alcanzar el objetivo permanentemente propuesto de autosuficiencia, así como disponer de volúmenes importantes para exportación.

Al finalizar el sexenio considerado, la IPB había adquirido un carácter estratégico ya no sólo por su papel en el proceso de industrialización del país, a partir de la sustitución de importaciones, sino también por las expectativas de exportaciones que se tenían en esta rama.102/

101/ Las expectativas que se empezaban a tener respecto a la exportación de amoniaco se vislumbraban en algunas declaraciones del director de Pemex, tales como: "la escasez de alimentos que padece el mundo hace necesaria una gran cantidad de fertilizantes a corto plazo. Para ello, se espera abastecer las necesidades nacionales y exportar, en forma temporal, los volúmenes sobrantes de amoniaco". Véase Nacional, 5 de junio de 1974. En realidad, las plantas de amoniaco antes referidas entraron en operación en 1978.

102/ En los últimos meses de la administración en curso, el gobierno manifestó su intención de colocar a la industria petroquímica entre las de vanguardia mundial. Se buscaba participar en el mercado internacional ya no como exportadores marginales, sino como competidores importantes en ciertos productos. Véase, por ejemplo, las declaraciones del subsecretario de la SEPANAL en el IX Foro de la ANIQ, en El Sol, 13 de agosto de 1976.

El sexenio 1976-1982

Al iniciarse el sexenio 1976-1982, el gobierno de José López Portillo incluyó a la industria petroquímica entre los nueve sectores industriales prioritarios en la asignación de inversiones. Se consideraba que esta actividad amalgamaba las características esenciales de la política industrial propuesta, al permitir "un mejor aprovechamiento de los hidrocarburos, la relocalización regional de la industria, el uso intensificado de la infraestructura existente y el estímulo a la utilización de experiencias e iniciativas de técnicos y empresarios nacionales".103/

A pesar de los mecanismos institucionales establecidos para una estrecha coordinación entre los dos sectores de la industria petroquímica, el Programa Sexenal de Petroquímica Básica 1977-1982104/ fue diseñado exclusivamente por Pemex y reflejaba, antes que nada, la intención de la empresa de establecer en forma acelerada una gran industria petroquímica básica a nivel mundial, con base en la mayor disponibilidad de materias primas y recursos financieros provenientes de las exportaciones de petróleo.105/

103/ De Oteyza, José Andrés, "Programa sexenal de petroquímica", en El mercado de valores, año 37, núm.17, México, NAFINSA, 25 de abril de 1977.

104/ Aunque este programa no fue publicado por Pemex, sus principales componentes se presentaron en distintas ocasiones. Véase De Oteyza, José Andrés, op. cit., pp.309-311; "Expansión de la petroquímica básica", en Comercio exterior, vol.28, núm.5, México, Banco Nacional de Comercio Exterior, mayo de 1978, pp.544-548; Baptista, César, "Industria petroquímica en México" en IMIQ, México, IMIQ, febrero de 1977, pp.60-72; García Luna, José Luis, "Petroquímica básica", en IMIQ, México, IMIQ, marzo-abril de 1978.

105/ En los primeros meses del sexenio 1976-1982, José López Portillo anunció un cambio fundamental en la política petrolera de México: sobre la base de las nuevas estimaciones de reservas probadas de hidrocarburos (11 mil millones de barriles de crudo y gas equivalente), se decidió convertir al país nuevamente en importante exportador de petróleo. Se consideraba que los ingresos de dichas exportaciones jugarían el papel de principal fuente de financiamiento del crecimiento económico.

Dicho Programa, presentado en 1977 como parte del plan global de Pemex, resultó importante en la medida en que, básicamente, se siguieron las pautas planteadas, aunque no tuvieran el éxito previsto. Se consideraban inversiones para el área petroquímica de 53 mil millones de pesos (precios de 1977), lo que representaba 17% del presupuesto total de la empresa para el periodo 1977-1982.106/ Con la instalación, en 1982, de una capacidad total de producción de cerca de 20 MMton/año (comparado con los 5 MMton existentes en 1976), repartida en 124 plantas, se esperaba no sólo lograr la autosuficiencia interna, sino participar como competidor importante en el mercado internacional en el caso de determinados productos (amoniaco, paraxileno, aromáticos, polietileno de baja densidad y algunos derivados del etileno). Concretamente, se planteó una meta de exportación que representaba 26% de la producción petroquímica básica. La existencia de importantes volúmenes de petróleo y gas, disponibles como insumos petroquímicos, era parte fundamental del esquema, al igual que la construcción de complejos integrados con la más alta economía de escala posible y con técnicas muy eficientes. En particular, La Cangrejera (cuya capacidad de producción prevista se incrementó de 2.8 a 3.5 MMton/año) era considerada como un eslabón clave para la expansión de la industria petroquímica nacional y como el primero de una serie de complejos petroquímicos de Pemex de este tipo.

En el caso del amoniaco, se preveía un aumento de la capacidad de producción de 905 Mton/año a casi 3 MMton/año. En etileno, la capacidad instalada se ampliaría de 260 Mton/año a 2 MMton/año, con lo cual México podría producir más etileno que América Latina en su conjunto. Además, este producto constituiría el insumo para la elaboración de elevados volúmenes de derivados, tales como: cloruro de vinilo, óxido de etileno, acetaldehído y estireno. Al considerar la mayor disponibilidad de naftas provenientes del gas asociado, que se extraería de acuerdo con el programa de producción petrolera, se incrementaría la producción de aromáticos de 310 Mton/año a 2.4 MMton/año. En particular, la producción de paraxileno se decuplicaría y las de benceno y ortoxileno se sextuplicaría.

106/ Tan sólo las instalaciones del complejo La Cangrejera representaban una inversión de 14.5 mil millones de pesos. Otras entidades del sector público, como FERTIMEX, invertirían 8.6 mil millones de pesos y se estimaba que la inversión privada en la industria petroquímica secundaria sería del orden de 30 mil millones.

Por otra parte, se consideraba que la producción de gas natural permitiría obtener suficiente propano para cubrir los requerimientos internos de gas licuado, dejando además importantes excedentes que se aprovecharían para elaborar 300 Mton/año de propileno en una planta de deshidrogenación catalítica. Este volumen, sumado al que se recuperaría de las desintegradoras catalíticas, posibilitaría, por primera vez, el desarrollo masivo de los derivados del propano, en particular del propileno, el isopropanol, el acrilonitrilo, el dodecilbenceno y el óxido de propileno.

El Plan Nacional de Desarrollo Industrial (PNDI) 1979-1982, reiteró la importancia de la industria petroquímica, dándole prioridad por ser una rama de alta productividad nacional. Por esta razón, se consideró que crecería a una tasa anual del orden de 18%, mientras que la tasa correspondiente para el sector industrial en su conjunto era de 12%.107/ En apariencia, las perspectivas favorables para la economía mexicana en 1979 y el proceso de rápida expansión de importantes sectores influyeron en el establecimiento de metas elevadas para la industria petroquímica.

El PNDI asignó un papel central a la inversión pública. En ésta, Pemex tendría un lugar prioritario, con 40% de la inversión presupuestada para el conjunto de las empresas estatales. El plan estableció también diferentes medidas de fomento a la inversión privada en ciertas zonas preferentes. Estas incluían un crédito fiscal de 25% sobre las nuevas inversiones y de 20% sobre el empleo adicional generado, así como descuentos de 30% en el precio de insumos energéticos y petroquímicos.108/ Las regiones prioritarias comprendían cuatro puertos industriales (Coatzacoalcos, Salina Cruz, Tampico y Lázaro Cárdenas) con el fin de facilitar la exportación de manufacturas y romper la atadura de la industria al mercado interno.109/ Tres de ellos estaban ligados a las actividades de la industria petroquímica.

107/ SEPAFIN, Plan Nacional de Desarrollo Industrial, 1979-1982, México, SEPAFIN, 1979, p.9.

108/ Para beneficiarse del subsidio en materias primas, las empresas tenían que comprometerse a exportar por lo menos 25% de su producción durante tres años sin que esto afectara el abastecimiento nacional de sus productos. Existían, además, otros incentivos para la inversión en empresas de exportación, como por ejemplo exenciones fiscales de hasta 100% en la importación de material y equipo.

109/ El programa de puertos industriales fue formulado desde el primer año del gobierno de López Portillo y proponía la creación de nuevas bases físicas de recepción de industrias.

Si bien los resultados alcanzados en 1982 por Pemex en el área de petroquímica básica son impresionantes en comparación con la situación en 1976, no se logró ninguna de las metas establecidas, excepto en lo que respecta al monto total invertido (cuadro III.2). Esto contrasta con otras áreas del programa de la empresa, donde se alcanzaron o rebasaron las metas establecidas (vr. producción y exportación de crudo).

En 1982, la industria petroquímica básica aún dependía del exterior para más de veinte productos, con un volumen de importaciones que representaba 13.5% del consumo nacional aparente. Las exportaciones se concentraban en sólo dos productos (en lugar de los 21 previstos) y la balanza comercial de Pemex en esta área alcanzó un déficit de 12 mil millones de pesos.110/ Se postergaba, así, el logro de los dos principales objetivos del sexenio en materia de petroquímica: autosuficiencia en producción y diversificación de las exportaciones.

Los factores que llevaron a esta situación se analizan en el siguiente subcapítulo.111/ En síntesis, se experimentaron retrasos de varios años en la ejecución del Programa Sexenal 1976-1982, en particular en el caso de la construcción de La Cangrejera. A los problemas imputables a deficiencias internas de Pemex, se aunó el impacto de las crisis económicas de 1976 y de 1981-1982, que restringieron fuertemente los recursos financieros disponibles. Existió, además, una falta de realismo en Pemex en cuanto a su propia capacidad de ejecución del programa, así como una incorrecta evaluación de la capacidad de las ramas industriales involucradas en la consecución de las metas propuestas.112/

Por otro lado, se profundizó el desequilibrio entre las estructuras de la producción y del consumo, debido a la confor-

---

Cont...
Para ello se contaría con el control estatal de algunos procesos básicos tales como la petroquímica básica y la siderurgia.

110/ Aunque en volumen, las exportaciones excedieron las importaciones de productos petroquímicos básicos en 1982.

111/ Véanse pp.82-84.

112/ En una misión realizada en México en 1977, el Banco Mundial había cuestionado el programa de Pemex en los siguientes términos: "la principal duda respecto a la factibilidad 'física' del programa es si Pemex tendrá la capacidad de llevar a cabo el programa sin retrasos considerables en la construcción. Esta duda se refuerza por los retrasos que ya ocurrieron en 1977". World Bank, Special Study of the Mexican Economy: major policy issues and prospects, 1977-1982, Washington, D.C., IBRD, 1977, p.87.

CUADRO III.2
Programa petroquímico de Pemex, 1977-1982
(metas y resultados)

	Unidad de medida	Situación en 1976	Metas 1977-1982	Metas 1982	Resultados 1977-1982	Resultados 1982
Inversión	Millones de pesos		53 000 a/		83.605 de 1977 a 1981 b/	
Participación en inversión total de Pemex	Porcentaje		15.0		15.6 de 1977 a 1980	
Capacidad nominal de producción	MMton/año	5.0		19.0 (21.7) c/		14.9
Plantas en operación		54		124 (133) c/		92
Producción	MMton/año	3.9		17.4		10.6
Utilización capacidad de producción	Porcentaje	83.5	92.0		82.2	72.8
Número de productos		35		44		40
Coeficiente de integración (en términos de volumen) d/	Porcentaje	86.2		95.0		86.5
Importaciones Pemex (en valor)	Millones de pesos (precios corrientes)	1 659		121 a/		18 557
Exportaciones (en valor)	Millones de pesos (precios corrientes)	9		13 689 a/		6 501
Número de productos exportados		2		21		2

a/ Precios de 1977.
b/ Precios corrientes.
c/ Meta revisada en 1978.
d/ Participación porcentual de la producción destinada al mercado interno en el consumo nacional aparente.

Fuente: Elaboración propia, con base en los artículos citados en la nota al pie 104, y Pemex, *Memoria de labores, 1976 y 1982*, México, Pemex, 1977-1983.

mación de la primera, esencialmente en función de las características y disponibilidad de materias primas para la IPB en México. En los setenta , dicha industria sustentó, en forma creciente, su desarrollo, basada en los derivados del gas natural, dada la mayor disponibilidad de este recurso y los menores costos de transformación, en comparación con los procesos que utilizan naftas. La demanda, por su parte, fue particularmente elevada en el caso de los productos que tuvieron un crecimiento en la producción nacional relativamente bajo.

Aunque hasta mediados de 1982 no existieron criterios o normas claros para la fijación de los precios de los productos petroquímicos básicos, los hechos, junto con las declaraciones de Pemex y del Estado, evidenciaban una política implícita de precios bajos.113/ Los incrementos de éstos en los productos petroquímicos, y, en general, en todos los de Pemex, han sido repentinos, y se han originado por la insostenible situación financiera de la empresa. De fines de 1976 a 1982, los precios internos se fueron distanciando, en forma creciente, de los internacionales, como consecuencia tanto del alza de los precios internacionales como de las sucesivas devaluaciones del peso mexicano a partir de 1976. Este fenómeno adquiere particular relevancia si se tiene en cuenta que en este periodo el volumen de importaciones de productos petroquímicos básicos se incrementó, y que Pemex absorbió la diferencia entre los costos de importación y los precios de reventa en el mercado interno. De esta manera, las importaciones de éstos representaron una carga creciente para la empresa y, junto con la política de bajos precios internos, contribuyeron a que las magras utilidades en la industria petroquímica básica, de 1970 a 1973, se convirtieran en pérdidas crecientes, con una fuerte acentuación a partir de 1976.114/

En 1982, Pemex dio a conocer, por primera vez, el criterio que se seguiría con respecto a los precios de los productos petroquímicos: se revisarían trimestralmente con el fin de llegar a una situación en que la diferencia entre precios internos e internacionales no rebasara 20%. La explicitación de esta política, fue considerada, en general, por la iniciativa privada, como un paso adelante, ya que facilitaba su ejercicio de planeación y, en particular, la definición de su estrategia de exportación. Sin embargo, la validez del criterio utilizado fue puesto en duda, ya que se sustentaba en los precios del mercado internacional sin tener en cuenta los cos-

---

113/ Véase el subcapítulo siguiente, pp.91-93.
114/ Ibidem.

tos de producción internos de los productos petroquímicos.115/

El mantenimiento hasta 1982 de precios bajos para los productos petroquímicos básicos parece haber respondido a la interacción de dos factores: El primero es el resultado de una cierta indefinición por parte de Pemex para establecer criterios claros a este respecto aunado a la presión por mantener los niveles de precios existentes por parte de un sector secundario organizado, cuya fuerza política provenía, fundamentalmente, de su poder económico y de su inserción clave en el aparato productivo del país, y el segundo está dado por la intervención de Pemex como parte constitutiva del Estado. En efecto, de las declaraciones tanto de la empresa como de otros organismos estatales surgía el supuesto de que el mantenimiento de precios bajos para los petroquímicos básicos estaba dirigido a contribuir al logro de ciertos objetivos de política económica global.

En primer lugar, el Estado consideraba estratégica la industria petroquímica para la industrialización del país y pretendía estimular la capitalización del sector petroquímico secundario por medio de precios bajos para sus insumos. Así, a través de costos de producción reducidos, este sector intentaba incrementar sus recursos financieros para la reinversión, acelerando el proceso de industrialización. De hecho, de 1970 a 1980, el ritmo de crecimiento de casi todas las ramas de la industria petroquímica secundaria fue superior a la del sector industrial en su conjunto. Mientras que en este último caso la TMCA fue de 7.4%, la producción petroquímica intermedia creció a un ritmo anual de 21.5%, la de resinas sintéticas y plásticos 17.5% y la de fibras químicas y elastómeros 13% y 7.7%, respectivamente.116/ Sin embargo, resulta difícil evaluar hasta qué punto incidió la política de bajos precios en la expansión acelerada de dichas ramas, y más todavía si se toma en cuenta la importancia de la participación de empresas transnacionales en este campo117/ y la falta de datos sobre la rein-

---

115/ "Si es cierto que los precios de los factores de la producción indican su escasez relativa..., deberíamos tener ciertos derivados de los hidrocarburos caros, tal vez por arriba del precio internacional, y otros quizá por debajo de éste". Christianson, Lars, presidente de la ANIQ, en Unomásuno, México, 15 de octubre de 1983.

116/ Véase SPP, Escenarios económicos, México, SPP, 1981.

117/ En 1979, cuatro consorcios (Celanese, Cydsa, Desc y Alfa), todos asociados con firmas extranjeras, controlaban 22 de las 150 empresas petroquímicas secundarias y realizaban 75% de los ingresos por ventas del sector (véase OECD, Transfer of Technology in the World Petrochemical Industry. Sectoral Study núm.1, Paris, OECD, 1979, p.22). Debido a las barreras implíci versión en el país de las utilidades obtenidas.

En segundo lugar, y tal como se mencionó anteriormente, el gobierno asignó un papel importante a la industria petroquímica en la estrategia de descentralización y creación de polos de desarrollo regional. La política de bajos precios para los PPB se vio reforzada por una serie de estímulos a la inversión privada en las zonas prioritarias. Este tipo de subsidios favoreció, principalmente, el establecimiento de grandes unidades industriales vinculadas con el mercado internacional, ya que, para beneficiarse de los subsidios, las empresas debían comprometerse a exportar 25% de su producción. Si bien la política propuesta logró la radicación de industrias en algunos de los "polos" previstos, el impacto de éstas pone en entredicho los beneficios globales alcanzados. La ausencia de una planeación urbanoindustrial y de una infraestructura adecuada, en especial en torno al centro industrial químico de Coatzacoalcos-Minatitlán (Veracruz), provocó y acentuó graves desajustes socioeconómicos, así como cuellos de botella para la producción.118/

Finalmente, la industria petroquímica tenía que contribuir, en forma importante, al desarrollo agrícola del país. Desde el inicio de la industria petroquímica básica se dio atención particular al amoniaco, principal insumo para los fertilizantes nitrogenados, por su posible contribución al incre-

---

Cont...
tas a la entrada de nuevas firmas en la industria petroquímica (magnitud de la inversión inicial, complejidad tecnológica, tiempo de maduración de los proyectos, nivel de calificación del personal, integración vertical de las empresas existentes, etc.), el capital extranjero y el Estado han sido los principales agentes del desarrollo de esta actividad, pese a que 60% del capital social tuviera que ser de origen nacional. Así, "en la cúspide de esta organización piramidal (de la petroquímica mexicana) se encuentran las grandes empresas multinacionales que monopolizan el mercado de productos finales; en los estratos intermedios figuran los poderosos grupos financieros e industriales nacionales aliados con empresas transnacionales y, en la base, Petróleos Mexicanos". Toledo, Alejandro, "La unidad de producción compleja Coatzacoalcos-Minatitlán Cosoleacaque", en Iván Restrepo (coord.), Conflicto entre ciudad y campo en América Latina, México, Nueva Imagen, 1980.

118/ Véanse Toledo, Alejandro (coord.), Petróleo y ecodesarrollo en el sureste de México, México, Centro de Ecodesarrollo, 1982, y Bosch, Pedro, "Evolución de las inversiones químicas y petroquímicas, 1976-1981", en ANIQ, Memorias. XIV Foro nacional de la industria química, México, ANIQ, 1981.

mento de la productividad agrícola y a la autosuficiencia alimentaria del país. Para este producto existió una política explícita de subsidios; en efecto, la entrega de amoniaco a FERTIMEX, monopolio paraestatal para la producción de fertilizantes, se hizo a un precio altamente subsidiado,119/ mientras que las ventas de amoniaco a la industria química (5%) tuvieron un precio superior.

En el sexenio 1976-1982, al igual que en el anterior, existió una corriente de opinión en favor de una modificación de la ley petroquímica, con el fin de que los capitales privados, tanto nacional como extranjero, pudieran participar en la IPB. Sin embargo, esa corriente, que se manifestó principalmente a través de los representantes de grandes empresas químicas extranjeras, no logró que el gobierno pusiera en cuestión el dominio estatal sobre esta rama. Ante el principal argumento invocado por las empresas transnacionales —la conveniencia para México de asociarse con ellas, dados los altos requerimientos de inversión en la IPB y la necesidad de contar con redes internacionales de distribución de los productos para desarrollar un mercado de exportación—, el gobierno mantuvo su posición inicial: la IPB continuará siendo considerada como el último eslabón de la nacionalización del petróleo y, por consiguiente, su desarrollo quedará en manos del Estado.120/

119/ Hasta 1976 el precio se mantuvo por debajo del vigente en 1970.

120/ "... a últimas fechas se ha presentado una creciente presión de empresas extranjeras para incrementar su influencia en la industria petroquímica del país, solicitando para tal efecto que se realicen ajustes a la ley que regula la inversión foránea". Comercio exterior, vol.28, núm.5, México, Banco Nacional de Comercio Exterior, mayo de 1978, p.548. En 1981, el vicepresidente del Consejo de Administración de Hooker Chemical declaró: "México debe crear leyes acordes con la época actual, especialmente en lo relativo a la participación de capital extranjero... Si México debe entrar al mundo del consumo y venta mundial de productos petroquímicos, debe buscarse buenos socios que cuenten con tecnología tanto en producción como en comercialización". Excélsior, México, 26 de mayo de 1981. Véase también UnomásUno, México, 26 de mayo de 1981. Con respecto a la posición del gobierno, véanse las declaraciones de J.A. Juárez, secretario técnico de la Comisión Petroquímica, en El Día, México, 15 de abril de 1981.

Balance del mercado

Capacidad instalada

De 1970 a 1982, la capacidad instalada se sextuplicó, con lo que alcanzó a ser de 14.9 MMton/año (gráfica III.1). Destacan, entre ellos, los años 1977 y 1978, con un crecimiento anual promedio de 23.4%, que se sustentó principalmente en la terminación de varias plantas de amoniaco, así como el periodo 1981-1982, en el que la conclusión de gran parte de las instalaciones de La Cangrejera significó un incremento anual medio de 30% de la capacidad productiva.121/

La estrategia seguida por Pemex se modificó durante el periodo considerado en forma sustancial, tanto con respecto a los montos invertidos, como al tamaño y tipo de plantas y complejos que se establecieron.

En 1974, la capacidad instalada se saturó para un número elevado de productos, debido al relativamente bajo ritmo de inversión, especialmente de 1970 a 1973, cuando Pemex dedicó sus limitados recursos a otras áreas de mayor prioridad.122/ Esto dio lugar a que 15 plantas trabajaran a 100% de su capacidad nominal y, en ciertos casos, inclusive a 115%. Además, los procesos de producción de un número elevado de plantas eran obsoletos, poco competitivos y orientados hacia la elaboración de pequeños volúmenes. Algunas de ellas enfrentaban también problemas de diseño, operación, mantenimiento o abastecimiento de materias primas, que restringían la utilización de su capacidad.123/

121/ Véase el cuadro III.5, p.71.

122/ La capacidad de producción se encontraba saturada en acrilonitrilo, butadieno, dodecilbenceno, estireno, etilbenceno, metanol, polietileno BD, tetrámero, tolueno, xilenos, ortoxileno y paraxileno. IMP, Plan de Desarrollo de la industria petroquímica básica, 1976-1985, op. cit.

123/ La planta de acetaldehído en Pajaritos, Ver., trabajaba a sólo 59% de su capacidad; la de dicloroetano, ubicada en el mismo complejo, a 57% debido a errores en el diseño de detalle; las de amoniaco I y II en Cosoleacaque, Ver., a 72 y 77 por ciento, respectivamente, por la postergación del mantenimiento ante necesidades apremiantes de producción; y la de etileno II en Pajaritos, a 74% debido a la falta de materias primas. Véase López Mora, Carlos, "Problemática de operación y mantenimiento de la industria petroquímica básica", en IMIQ, México, IMIQ, marzo de 1976, pp.98-100.

GRAFICA III.1
Evolución de la capacidad instalada en la IPB (1970-1982)

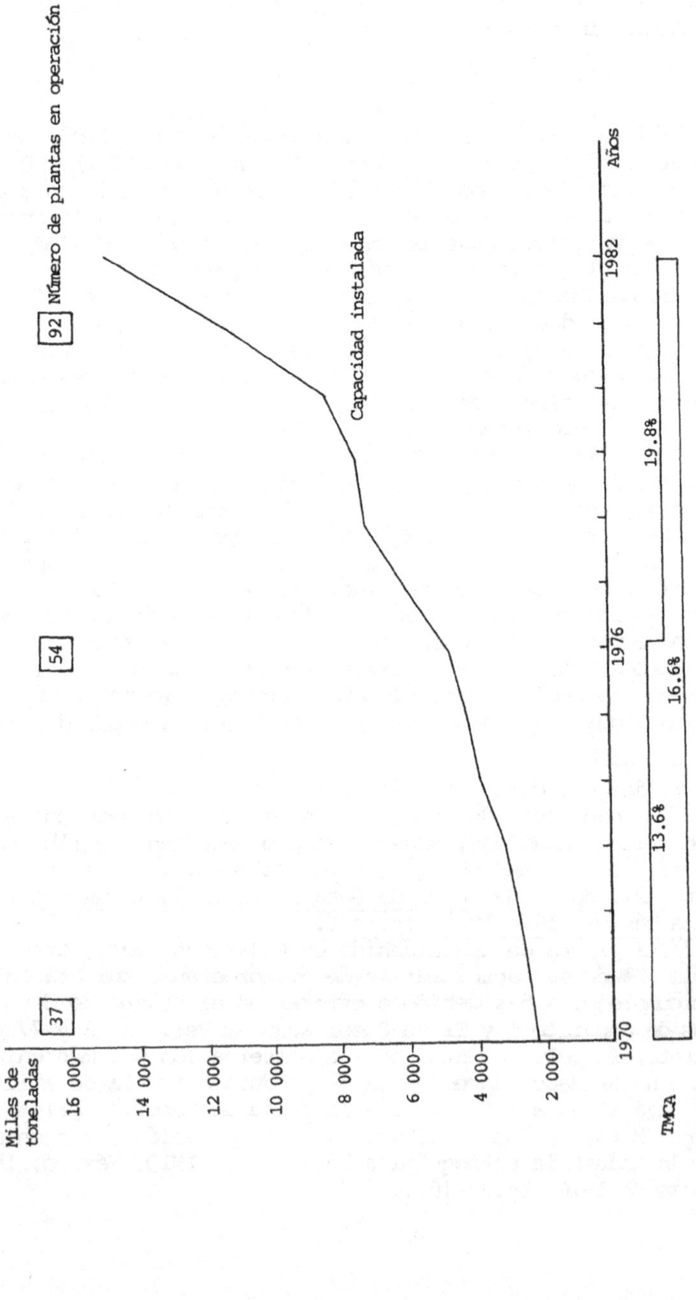

Fuente: Cuadro III.7

A raíz del programa de expansión de la IPB, iniciado en 1974,124/ surgió la posibilidad de seleccionar nuevos tamaños de plantas. Bajo la influencia de la tendencia en los países industrializados para lograr crecientes economías de escala en la producción petroquímica,125/ Pemex empezó a planear unidades de gran capacidad. Varias de las plantas que arrancaron en 1982 eran de una dimensión comparable a los mayores complejos petroquímicos del mundo (cuadro III.3).

Los resultados del nuevo programa de inversiones y de la mayor disponibilidad de gas natural asociado con los yacimientos petroleros del sureste no se hicieron esperar. Mientras que a principios de 1974 se quemaba casi todo el gas producido en Chiapas y Tabasco, a fines del año y durante el transcurso de 1975 entraron en operación las dos primeras unidades del conjunto de endulzadoras y plantas de azufre del complejo petroquímico Cactus, Chiapas. Con una capacidad de tratamiento de 200 millones de pies cúbicos por día, estas plantas tenían como finalidad endulzar el gas para procesarlo y extraer etano, gas licuado y naftas. Al mismo tiempo, en Ciudad Pemex, Tabasco, se inició la operación de una planta criogénica, de 200 millones de pies cúbicos por día, para incrementar la recuperación de líquidos asociados al gas de los mismos yacimientos.

Después de un decremento en el ritmo de inversión en 1976, como consecuencia de la crisis económica del país, Pemex expandió aceleradamente la capacidad productiva. Mientras que en el sexenio 1970-1976 iniciaron su operación 17 plantas, en el siguiente sexenio se lograron construir 57 instalaciones.126/ Si se incluyen además las unidades auxiliares de proceso (tratamiento de gas), durante la administración de López Portillo se puso en marcha una nueva planta petroquímica, o de apoyo a esta rama, cada 45 días en promedio. Aunque en términos de inversiones destaca este último periodo, parte de los logros alcanzados fueron el resultado del programa elaborado a fines del sexenio anterior.

De 1970 a 1981 se estima que la inversión acumulada en petroquímica básica fue de alrededor de 90 000 millones de pesos (precios corrientes), de los cuales 94% se erogaron en los últimos cinco años.127/ De acuerdo con un estudio realizado por

---

124/ Véanse pp.49-51.

125/ Véase la evolución de la capacidad típica de las plantas petroquímicas en los países industrializados, en el anexo 1, cuadro 8.

126/ En el anexo 1, cuadro 9, se presenta la evolución anual de la capacidad y la localización de las plantas petroquímicas de Pemex.

127/ Véase el cuadro 7, en el anexo 1.

CUADRO III.3

Evolución de la capacidad instalada de algunas plantas petroquímicas en México

Producto	Localización	Año de arranque	Capacidad instalada o por instalar* (Mton/año)
Acetaldehído	Pajaritos, Ver.	1968	44
	La Cangrejera, Ver.	1980	100
Acrilonitrilo	Cosoleacaque, Ver.	1971	24
	Tula, Hgo.	1979	50
Amoniaco	Cosoleacaque, Ver.	1962	60
	Cosoleacaque, Ver.	1973	300
	Cosoleacaque, Ver.	1977	445
Benceno	Minatitlán, Ver.	1967	70
	La Cangrejera, Ver.	1982	275
Coprolactana	Salamanca, Gto.	1972	50
	Coatzacoalcos, Ver.	1985	100*
Cloruro de Vinilo	Pajaritos, Ver.	1973	70
	Pajaritos, Ver.	1982	200
Etano	La Venta, Tab.	1972	144
	Poza Rica, Ver.	1977	227
	Cactus, Chis.	1980	560
Estireno	Cd. Madero, Tamps.	1967	30
	La Cangrejera, Ver.	1983	250*
Metanol	San Martín Tex., Pue.	1969	21
	San Martín Tex., Pue.	1978	150
	Laguna Ostión, Ver.	1987	825*
Oxido de Etileno	Pajaritos, Ver.	1972	28
	La Cangrejera, Ver.	1981	100
Polietileno BD	Reynosa, Tamps.	1966	18
	Poza Rica, Ver.	1971	51
	La Cangrejera, Ver.	1982	240
Etileno	Reynosa, Tamps.	1966	27
	Pajaritos, Ver.	1972	182
	La Cangrejera, Ver.	1982	500

Fuente: IEPES, Industria petroquímica nacional, México, IEPES, 1982, Pemex, Memoria de labores, 1982, México, Pemex, 1983.

la SPP, de 1970 a 1979, 84.2% del financiamiento del programa petroquímico provino de recursos ajenos a la operación de esta rama.128/ El 15.8% restante se constituyó casi exclusivamente de la reserva de depreciación, ya que la IPB no produjo utilidades después de 1973. En los años en que tuvo lugar la mayor parte de la inversión, los recursos acumulados en dicha reserva fueron relativamente limitados en comparación con los requerimientos de financiamiento, dado que provenían, principalmente, de plantas de construcción antigua, al mismo tiempo que el impacto de la inflación sobre el costo de materiales y equipo era considerable.

De los 17 complejos petroquímicos, donde se agrupaban las 92 plantas en operación de 1982, destacan los siguientes, por la importancia de su capacidad productiva:

- Cosoleacaque, Veracruz, integrado por seis plantas de amoniaco, junto con otras unidades para la elaboración de acrilonitrilo y separación e isomeración de xilenos y paraxileno. La capacidad instalada total del complejo (CIC) ascendía a 5.6 MMton/año. Cuatro de las plantas de amoniaco, instaladas entre 1977 y 1982, tenían una capacidad de producción equiparable a los niveles máximos alcanzados internacionalmente (445 Mton/año). Cosoleacaque se volvió, así, uno de los centros productores de amoniaco más importantes en el mundo.129/
- Cactus, Chiapas, especializado en azufre, con una CIC de casi 2 MMton/año;
- Pajaritos, Veracruz, dedicado a la producción de etileno y sus derivados, con una CIC de 1.3 Mton/año;
- Salamanca, Guanajuato, con dos plantas de amoniaco y otras de azufre, con una CIC de 941 Mton/año;
- Poza Rica, Veracruz, especializado en etileno, polietilenos y azufre, con una CIC de 606 Mton/año;
- Minatitlán, Veracruz, orientado hacia la producción de aromáticos, con una CIC de 445 Mton/año; y finalmente,
- La Cangrejera, Veracruz, especializado en aromáticos y derivados del etileno.

La Cangrejera ha constituido, indudablemente, el mayor reto asumido por Pemex en sus actividades de transformación industrial. A título ilustrativo, se examinan algunos aspectos

---

128/ SPP, Escenarios económicos de México, op. cit.

129/ La revista Chemical Week se refirió al complejo como el más grande del mundo. Véase Chemical Week, 22 de octubre de 1980, pp.45-46. Con las demás plantas de amoniaco, en otros complejos petroquímicos, se disponía, en 1982, de una capacidad instalada global de casi 3 MMton/año.

de este complejo, con respecto a diseño y construcción, que parecen ser relevantes. Los principios a partir de los cuales se diseñó incluyeron:130/

a) la utilización de los procesos de producción considerados los más eficientes en el mundo; se recurrió a tecnología tanto local, originada en el IMP, como extranjera, principalmente de Estados Unidos y Europa Occidental;

b) el dimensionamiento de las plantas, en función de un aprovechamiento máximo de las economías de escala, y

c) el uso de los equipos, maquinaria y materiales de construcción más avanzados y confiables a nivel mundial. Además, se consideró La Cangrejera como un proyecto que nacía totalmente integrado, en contraste con otros cuyo diseño contemplaba diferentes fases de ampliación. Con una capacidad total de producción de 3.5 MMton/año, se elaborarían 26 insumos, productos y subproductos,131/ en volúmenes suficientes —se esperaba— para revertir la situación de creciente dependencia del exterior, en el campo de la petroquímica.

El complejo, que ocupa una superficie de 270 hectáreas,132/ está constituido por 22 plantas, repartidas en tres áreas principales: la de acondicionamiento y fraccionamiento de hidrocarburos de la gasolina natural y petróleo crudo, la de obtención de etileno y sus derivados primarios; y la de elaboración de aromáticos. Tres fuentes de materia prima lo alimentan: petróleo crudo, que proviene de los campos del sureste; una mezcla de hidrocarburos líquidos del gas, que procede de las plantas criogénicas de Cactus, Chiapas, y naftas, que se obtienen de la refinería de Minatitlán, Veracruz.

La construcción del complejo se inició en 1974. En 1976, debido a la falta de recursos financieros, las obras fueron prácticamente interrumpidas. El año siguiente, se lograron avances sustanciales, aunque no fue sino hasta 1980 cuando entraron en operación las dos primeras plantas. En 1982, para poder terminar la construcción de La Cangrejera, en medio de la crisis financiera de Pemex y de la consecuente escasez de recursos, la empresa se vio obligada a detener el desarrollo de los principales complejos en proyecto (Laguna del Ostión, Veracruz; Dos Bocas, Tabasco; Altamira, Tamaulipas; y Morelos, Veracruz). En ese año, sólo 12 de las 22 plantas previstas habían entrado en operación.133/

130/ Véase El mercado de valores, año XLI, núm.19, México, NAFINSA, 11 de mayo de 1979, p.497.

131/ Véase el cuadro 20, en el anexo 1.

132/ Compárese, por ejemplo, con la superficie de Cosoleacaque de 78 hectáreas.

133/ La construcción del complejo se concluyó en 1984, con excepción de una planta de ciclohexano que se encontraba en ingeniería.

La lentitud en la ejecución de este proyecto, la situación inflacionaria y la devaluación del peso frente al dólar, determinaron el aumento sustancial del costo de los equipos y materiales, tanto nacionales como extranjeros, incrementándose así, fuertemente, los recursos financieros absorbidos por el complejo. Mientras que la inversión presupuestada para La Cangrejera en el programa sexenal petroquímico ascendía a 14.5 mil millones de pesos, en 1981 el monto total invertido alcanzaba ya los 37 000 millones.134/

Los continuos retrasos en su terminación se debieron a distintos tipos de problemas encontrados en la ejecución del proyecto. Algunos de ellos no fueron exclusivos de este complejo, lo que evidencia ciertas deficiencias internas de Pemex. En particular, la inadecuación del sistema de información interno, la incorrecta evaluación o coordinación de los requerimientos de las diferentes áreas de la empresa, y las irregularidades de carácter técnico y administrativo, constituyeron el conjunto de factores que obstaculizaron la ejecución de los programas petroquímicos.135/ En el caso de La Cangrejera, un estudio realizado por la SPP identificó las siguientes fallas:136/

a) la falta de coordinación e integración de los programas de construcción en especial en cuanto al suministro de equipos y accesorios para las instalaciones, impidió el cumplimiento de los plazos previstos;

b) parte de los equipos y materiales quedaron almacenados en la zona franca de Coatzacoalcos de 1978 a 1981;

c) las instalaciones terminadas tuvieron que ser revisadas nuevamente antes de entrar en operación, al no llevarse a cabo adecuadamente el control de calidad de las soldaduras;

d) en el caso de postes de alumbrado, soportes de tubería y localización de ciertas instalaciones, se observaron deficiencias técnicas en el diseño, con lo que no se asimilaron ex-

134/ Véase Expansión, México, agosto de 1981.

135/ En el complejo petroquímico de Cactus, Chiapas, por ejemplo, se han observado las deficiencias siguientes: incompatibilidad entre los programas de explotación y procesamiento de crudo; falta de planeación y preparación del proyecto, que ocasionó la demolición de ciertas instalaciones; deficiencias técnicas en diseño que provocaron, entre otros, el derrumbamiento del quemador fosa núm. 1 por sobrecarga de desfogue; falta de suministros y accesorios, que impidió cumplir con los programas de construcción; falta de mantenimiento en las instalaciones en operación; y el proyecto no considera infraestructura ferroviaria. SPP, Diagnóstico de Petróleos Mexicanos, México, SPP (mimeo), s.f., pp.12-13.

136/ Ibid., pp.13-15.

periencias previas en otras plantas; y, finalmente,

e) no se contempló en el proyecto la construcción de albergues para los trabajadores de la obra.

Si bien las demoras experimentadas en La Cangrejera fueron, en parte, la consecuencia de las deficiencias mencionadas, la falta de recursos financieros en ciertos años y la lentitud en trámites burocráticos,137/ resultaron ser otras de las dificultades específicamente relacionadas con el establecimiento de un complejo de tal envergadura. Las múltiples relaciones entre las diversas unidades que lo componen y los servicios e infraestructura requeridos, elevaron exponencialmente los problemas de logística, administración y coordinación. Además, los problemas que se desencadenan al surgir cualquier falla en alguno de los procesos de producción son de una magnitud tal, que dificultan considerablemente el manejo del complejo.

Aunque la disponibilidad de la infraestructura y los servicios requeridos por la IPB (medios de comunicación y transporte, agua y energía eléctrica) han constituido elementos importantes en la estrategia de localización de las plantas, el acceso a la materia prima ha sido determinante. La tendencia observada en los sesenta a ubicar los complejos junto o cerca de las refinerías, se reforzó en el decenio siguiente: se instalaron plantas petroquímicas en las proximidades de prácticamente todos los centros refinadores; tal fue el caso en Azcapotzalco, Distrito Federal; en Tula, Hidalgo; Salamanca, Guanajuato; Poza Rica, Veracruz; Ciudad Madero, Tamaulipas; Reynosa, Tamaulipas; Minatitlán, Veracruz y Salina Cruz, Oaxaca (complejo en proyecto). Conforman una excepción las plantas de amoniaco en Ciudad Camargo, Chihuahua, dada la existencia de gasoductos que permitían abastecerlas de la materia prima.138/

En 1982, más de 97% de la planta productiva se encontraba fuera del Distrito Federal y en estados circunvecinos (cuadro III.4). La IPB se ha concentrado de manera creciente en el estado de Veracruz, que, en 1982, contaba con 70% de la capacidad instalada y era el sitio seleccionado para la mayor parte de los proyectos para el periodo 1983-1990.139/ Adicionalmente a La Cangrejera, en la zona aledaña al río Coatzacoalcos, se encontraban los complejos de Pajaritos, Cosoleacaque, Minatitlán y La Venta. Entre las condiciones favorables que ofrecía esta zona destacan: la disponibilidad de gas natural y pe-

---

137/ En particular, en la obtención de los permisos de importación de materiales y equipos.

138/ Véase el mapa 2, en el anexo 1.

139/ Véase IEPES, Industria petroquímica nacional, México, IEPES, 1982, p.133.

CUADRO III.4
Localización por estado de la industria petroquímica básica

Estado	Porcentaje de la capacidad instalada 1970	1982
Veracruz	62.8	70.0
Chiapas	-	13.4
Guanajuato	9.7	6.6
Tamaulipas	10.4	2.4
Puebla	0.9	1.2
Chihuahua	12.0	2.0
Tabasco	1.9	2.3
Nuevo León	-	0.3
Hidalgo	-	1.1
Distrito Federal	2.3	0.4
Oaxaca	-	0.3
Total	100.0	100.0

Fuente: Pemex, Memoria de labores, 1970 y 1982, México, Pemex, 1971 y 1983.

tróleo, como materias primas y combustible, procedente de los campos petroleros y gaseros del sur de Veracruz y de los estados de Chiapas y Tabasco; la cercanía del puerto de Pajaritos, que cuenta con el mayor calado del país; y la relativa proximidad del puerto de Salina Cruz en el Oceano Pacífico.

El establecimiento de Coatzacoalcos como zona preferente de desarrollo en la política de descentralización, definida en el Plan Nacional de Desarrollo Industrial, contribuyó, junto con los complejos petroquímicos, a la conformación de un importante centro de la industria química. En 1982, 21.4% de la capacidad instalada de la industria petroquímica intermedia se encontraba en el estado de Veracruz, proporción que llegaba a 22% en el caso de los plásticos y resinas y 16.3% en fibras químicas.140/ Además, algunas empresas de otras ramas industriales se han localizado en el área, con miras a aprovechar la infraestructura y la mano de obra calificada existente, con

140/ Ibid., p.16.

la consiguiente contribución a la creación de diversos complejos industriales. Sin embargo, el sector petroquímico secundario ha manifestado en varias ocasiones que los incentivos fiscales, y otros, ofrecidos en Coatzacoalcos, no han compensado las erogaciones adicionales necesarias para remediar las limitaciones de infraestructura y, en general, de planeación urbanoindustrial.141/

Producción bruta

La producción bruta total de PPB se incrementó de 1.9 MMton en 1970, a 10.6 MMton en 1982, es decir, a una tasa media anual de 15.2% (cuadro III.5). Destacan los incrementos ocurridos en 1978 (38%) y 1981 (27%), como consecuencia de la fuerte ampliación de la capacidad instalada, mencionada en la sección anterior.

Al comparar la producción anual con la capacidad nominal correspondiente al mismo año, el índice de utilización de la capacidad promedio fue de 77.8% de 1970 a 1982. Este relativamente bajo índice se debe, en parte, a que durante todo este periodo existieron plantas en fase de arranque. Al eliminar o reducir el efecto del bajo nivel inicial de operación de las nuevas plantas,142/ se obtiene un índice promedio de 83% (cuadro

---

141/ En el XIV Foro nacional de la industria química (1981), los empresarios señalaron, en particular, la escasez de agua para uso industrial, la carencia de un puerto para manejar productos a granel, las limitaciones de transporte, tanto carretero como ferrocarrilero, la dependencia de un solo puente para el movimiento de materiales, la falta de vivienda, así como de una serie de servicios indispensables para arraigar el personal necesario para operar las instalaciones. Véase Bosch, Pedro, "Evaluación de las inversiones químicas y petroquímicas, 1976-1981", en ANIQ, Memorias XIV Foro nacional de la industria química, México, ANIQ, 1981. En otro nivel, en 1980, el presidente municipal de Minatitlán declaró que "el gobierno federal tiene en completo abandono a este municipio. Doscientas mil personas carecen de una red adecuada de agua potable y drenaje, y cuando menos 50% de los habitantes padecen la falta de energía eléctrica". Véase Jiménez, E., "Minatitlán, abandonado", en Excélsior, México, 11 de enero de 1980, pp.4-A y 27-A.

142/ Para ello se refirió el volumen de producción anual, al promedio de la capacidad instalada en el año considerado y en el año anterior.

CUADRO III.5

Capacidad instalada y producción de petroquímicos básicos

AÑO	Capacidad Instalada[1] Volumen (Mton)	Capacidad Instalada[1] Variación anual (%)	Producción Volumen (Mton)	Producción Variación anual (%)	Aprovechamiento capacidad instalada (%)[2]
1970	2 349.4	----	1 931.1	----	83.1
1971	2 494.7	6.2	2 095.1	8.5	86.5
1972	2 990.4	19.9	2 320.4	10.8	84.6
1973	3 299.2	10.3	2 649.8	14.2	84.3
1974	4 058.6	23.0	2 977.8	12.4	80.9
1975	4 408.8	8.6	3 634.9	22.1	85.9
1976	5 039.4	14.3	3 946.3	8.6	83.5
1977	6 384.5	26.7	4 200.2	6.4	73.5
1978	7 659.3	20.0	5 788.0	37.8	82.4
1979	7 839.8	2.4	6 344.6	9.6	81.9
1980	8 886.5	13.4	7 224.0	13.9	86.4
1981	11 675.7	31.4	9 160.0	26.8	89.1
1982	14 883.1	27.5	10 589.9	15.6	79.8

1/ Incluye la capacidad para producir propileno en refinerías.

2/ Producción del año/promedio de la capacidad instalada del año y del año anterior.

Fuente: Pemex, *Memoria de labores, 1970-1982*, México, Pemex, 1971-1983.

III.5). Se observa, además, la constancia en el grado de utilización de la capacidad instalada, ya que éste fue superior a 80% en todos los años, con excepción de 1977 y 1982. Si bien surgieron problemas técnicos y de operación en ciertas plantas,143/ que limitaron su nivel de operación, éstos solamente se circunscribieron a ciertos casos específicos.

Los datos presentados sobre la evolución de la producción petroquímica bruta comprenden los volúmenes obtenidos en cada fase de transformación.144/ Ciertos PPB aparecen así, al estar

143/ SPP, *Escenarios económicos de México*, *op. cit.*, p.234.

144/ Un esquema de las principales transformaciones de la IPB, en México, se encuentra en el anexo 1, cuadro 2 y gráfica 1.

incluidos como producto e, implícitamente, como insumo de sus derivados, contabilizados más de una vez.145/ Por otra parte, en los datos publicados por Pemex, el etano forma parte de la producción petroquímica, mientras que los demás insumos básicos (metano, propano, butano) son excluidos.146/ Sin embargo, al tomar como aproximación de la producción neta el volumen de ventas internas y externas, con el objeto de eliminar estas distorsiones, el ritmo de crecimiento anual registrado resulta similar al de la producción bruta.147/

Con el fin de analizar la evolución de la producción, por grupos de productos, se seleccionó una muestra de los 25 principales PPB (cuadro III.6). A pesar de representar sólo 44% del volumen total producido en 1982, esta muestra es significativa, dado que 53% de la producción restante se conformaba de etano, transformado íntegramente en etileno, anhídrido carbónico, venteado en su mayor parte a la atmósfera, y azufre.148/

Los derivados del metano (amoniaco y metanol) y el grupo conformado por el etileno y sus subproductos fueron los que mayor crecimiento anual experimentaron en el periodo 1970-1982 (15.5% y 17.3%, respectivamente). Aumentaron, así, su participación en la producción total considerada en la muestra, de 61% en 1970, a 80% en 1982.

La importancia de estos grupos, en términos relativos de volumen de producción, se debe a que la disponibilidad de gas natural en México ha llevado a sustentar crecientemente el desarrollo de la IPB en su aprovechamiento. Para 1970, 76% del volumen de producción petroquímica bruta era elaborado a partir de los componentes del gas natural, proporción que en 1982 alcanzó 89%.149/

145/ Este es el caso, por ejemplo, del etano que se usa exclusivamente para elaborar etileno el cual, a su vez, es utilizado para elaborar diversos PPB (acetaldehído, óxido de etileno, dicloroetano, polietileno BD y AD, acetaldehído y etilbenceno). Véase el esquema de producción de los PPB en el anexo 1, gráfica 1.

146/ Esto se debe, aparentemente, a que las plantas criogénicas (de donde proviene el etano) están a cargo de la gerencia de petroquímica.

147/ Excluyendo las posibles variaciones de inventarios. Véanse los cuadros 13, 23 y 24 en el anexo 1.

148/ En 1982, el etano representó 15% de la producción total de PPB, el anhídrido carbónico 34% y el azufre 4%. Para la evolución del volumen de producción, incluyendo todos los productos, véase el cuadro 10, en el anexo 1.

149/ Véanse el cuadro 10 y la gráfica 1, en el anexo 1.

CUADRO III.6

Evolución del volumen de producción de los principales PPB
(Mton)

	1970		1976		1980		1982		TMCA (%) 1/	
Total	1 031		2 199		3 568		4 636		13.3	
Derivados gas natural (metano)	473		897		2 007		2 660		15.5	
Amoniaco		454		865		1 833		2 469		15.2
Metanol		19		32		174		191		21.2
Etileno y derivados	158		553		770		1 075		17.3	
Etileno		60		228		366		396		17.0
Acetaldehído		17		47		48		149		19.8
Oxido de etileno		-		25		30		79		21.1 2/
Polietileno BD		26		89		91		93		11.2
Polietileno AD		-		-		67		78		7.9 3/
Cloruro de vinilo		19		60		62		79		12.6
Dicloroetano		36		104		106		201		15.4
Propileno y derivados	98		233		259		284		9.3	
Propileno		46		144		137		158		10.8
Polipropileno		-		-		-		-		-
Acrilonitrilo		-		22		54		53		15.8 2/
Isopropanol		3		4		13		11		11.4
Dodecilbenceno		49		63		55		62		2.0
Butadieno	-		19		17		15		(3.9) 2/	
Aromáticos	302		497		515		602		5.9	
Benceno		77		99		79		96		1.9
Tolueno		89		132		125		138		3.7
Xilenos		42		66		77		99		7.4
O-xileno		14		19		16		16		1.1
P-xileno		-		39		39		36		(1.3)
Estireno		28		35		31		29		0.3
Aromáticos pesados		38		34		48		57		3.4
Hexano		14		30		60		76		15.1
Ciclohexano		-		43		40		35		(3.4)
Cumeno		-		-		-		20		-

1/ TMCA: Tasa media de crecimiento anual de 1970 a 1982.
2/ TMCA de 1976 a 1982.
3/ TMCA de 1980 a 1982.

Fuente: SPP, Escenarios económicos de México, op. cit.; IEPES, Industria petroquímica nacional, op. cit., ANIQ, Anuario estadístico de la industria química, México, ANIQ, 1983, y Pemex, Memoria de labores, Pemex, varios años.

Así, en el caso del amoniaco, Pemex justificó su programa de expansión con base no sólo en su importancia en la elaboración de fertilizantes, sino también en la disponibilidad creciente de gas natural (seco), que no puede ser almacenado ni transportado a grandes distancias en forma económica.150/ De hecho, el crecimiento de la producción de amoniaco alcanzó tal magnitud, que fue el único producto que cumplió con el programa sexenal petroquímico, llegándose a exportar cantidades importantes a partir de 1978.

En México, el etileno se obtiene de la pirólisis de hidrocarburos ligeros derivados del gas natural (etano), en contraste con los países carentes de gas (Japón, CEE) que han tenido que recurrir a una ruta tecnológica más compleja y costosa a partir de naftas o fracciones más pesadas del petróleo.

El dinamismo observado en el grupo de etileno y derivados se sustentó no sólo en el crecimiento de cada producto, sino también en la incorporación de nuevos derivados, como el óxido de etileno, polietileno de alta densidad (AD) y el percloroetileno, aunque este último sólo se produjo de 1977 a 1978 y en un nivel menor a 500 ton/año.

En el caso específico del etileno, la utilización de la capacidad instalada alcanzó 96% en 1980, con lo que llegó a su saturación; en cambio, en 1982, este índice había disminuido a 42%, debido probablemente a que la nueva planta de La Cangrejera (500 Mton/año) se encontraba en fase de arranque. Aun teniendo en cuenta esta unidad, en 1982 la capacidad nominal global para la elaboración de etileno (932 Mton/año) representó menos de la mitad de lo previsto en el programa sexenal petroquímico (2 MMton/año).

Mientras que la producción de etileno a partir de derivados del gas natural (etano) ha permitido que México se convirtiera en uno de los países que cuentan con el etileno más barato del mundo, la cantidad de subproductos (propano-propileno y butano-butileno) es mucho menor que en el caso de la producción de etileno a partir de naftas.151/ De allí el relativo estancamiento que existió en la producción de propileno y derivados,

---

150/ Véase Baptista, César, "Industria petroquímica en México", en IMIQ, México, IMIQ, febrero de 1977, pp.60-72.

151/ Al utilizar etano como materia prima se obtiene 80% de etileno, 2.6% de propileno, 2.3% de butadieno y 0.9% de butilenos; mientras que a partir de naftas las proporciones son de 31% de etileno, 16.1% de propileno, 4.5% de butadieno y 4.5% de butilenos. Véase IEPES, Industria petroquímica nacional, op. cit., pp.42-45.

de butadieno, y de butileno.152/

Hasta 1982, el propileno se obtuvo únicamente de las desintegradoras catalíticas de las refinerías, donde se recuperaba al producir gasolinas. Si bien en ese año se terminó la construcción de una planta de propileno en La Cangrejera (26.9 Mton/año), el volumen total producido evidenciaba un escaso desarrollo de este producto y sus derivados, en vez de la expansión "masiva" prevista en el programa sexenal. Este grupo redujo, así, su participación en la producción petroquímica de 9.5% en 1970, a 6% en 1982.

La elaboración de butadieno, iniciada en 1975, fue extremadamente limitada y, en 1982, contribuyó con menos de 1% a la producción total. Debido a problemas técnicos, la única planta existente ha funcionado hasta ahora a sólo 35% de su capacidad.153/

En México, los procesos petroquímicos que utilizan como insumos las naftas provenientes de la refinación de hidrocarburos han sido relativamente poco desarrollados. A pesar del énfasis en el programa sexenal petroquímico sobre la necesidad de ampliar considerablemente la capacidad instalada para la elaboración de aromáticos, en 1982 la producción sólo alcanzó 602 Mton, en lugar de los 2.4 MMton previstas. Con un incremento anual de 5.9% en el periodo 1970-1982, la participación de este grupo en la producción total disminuyó de 29 a 13 porciento. Destacan dos contracciones importantes en los volúmenes producidos: en 1976 (-13.4%), como consecuencia del efecto de la crisis económica del país sobre la demanda, y en 1979 (-11.5%), debido a problemas técnicos en la operación de las plantas de ciertos aromáticos.154/ Sin embargo, la principal razón del limitado crecimiento de la producción fue la continua postergación de la terminación de La Cangrejera, que incluía varias plantas para la elaboración de aromáticos.

El valor de la producción bruta aumentó de 1 502 millones de pesos en 1970, a 21 435 millones en 1981, a precios corrientes.155/ El crecimiento anual, que promedió 28.3% en este pe-

---

152/ El déficit en la producción de propileno y butadieno, junto con la previsión de una mayor disponibilidad de naftas, dieron lugar a que algunos técnicos del área petroquímica de Pemex impulsaran, desde principios de los setenta , un nuevo proyecto para la producción de los bloques del propano-propileno y butano-butileno. Sin embargo, la construcción de este complejo en Morelos, Ver., fue continuamente aplazado.

153/ Véase SPP *et al.*, *Industria petroquímica. Análisis y expectativas*, *op. cit.*, p.37.

154/ *Ibid.*, p.39.

155/ Véase el cuadro 11, en el anexo 1. No se dispone de los datos correspondientes para 1982.

ríodo, fue muy irregular, debido a que se elevó abruptamente en ciertos años como consecuencia de los aumentos de precios. En 1973 y 1974 alcanzó 51% y 74%, respectivamente (comparado con un incremento en volumen de 14% y 12%), como resultado del alza de los precios de los PPB en julio de 1973. En 1977 y 1980, el valor de la producción creció en 44 y 34 por ciento, respectivamente, también, en gran parte, como consecuencia de la elevación de los precios ordenada en diciembre de 1976 y enero de 1980.

Al comparar la estructura de la producción en volumen y en valor (cuadro III.7), se observa, de manera general, un incremento en la participación en volumen de productos de menor valor relativo. Mientras que la participación del grupo de derivados del gas metano aumentó de 46% en 1970 a 58% en 1981, su distribución, en el valor de la producción total, bajó ligeramente (de 25 a 23 por ciento). Esto se explica por el mantenimiento de un precio muy bajo para el amoniaco, con el fin de estimular la producción de fertilizantes y su uso por aplicación directa al suelo.156/

En cambio, el grupo de etileno y derivados ha tenido una participación en la producción total sustancialmente mayor en términos de valor que de volumen, debido al elevado valor comercial de algunos de estos productos, principalmente los polietilenos de baja y alta densidad.

Si bien la participación de la IPB en el producto interno bruto es marginal (0.15% en 1970; 0.25% en 1980),157/ su importancia en la economía del país queda evidenciada en la evolución de los índices de interdependencia de esta rama con los demás sectores de la economía. Su carácter estratégico se deriva, en parte, de que los usos directos e indirectos de los PPB se extienden desde las actividades primarias, como la agricultura, hasta las más avanzadas, como los bienes de capital y la electrónica. Aún en el período 1970-1975, que no fue el más significativo en el desarrollo de la IPB, el "índice de eslabonamiento hacia adelante", que da cuenta de la importancia relativa del sector petroquímico básico en la producción de todos los demás sectores, creció sustancialmente.158/

156/ Otro producto que ha contribuido al cambio en la estructura de la producción global es el anhídrido carbónico. Este producto, que no está considerado en la muestra, mantuvo prácticamente constante su participación en el volumen de producción (32.7%, en 1970; 32.2%, en 1981, mientras que su distribución en el valor de la misma bajó de 3.1% en 1970, a 1.4% en 1981).

157/ Véase SPP, Escenarios económicos de México, op. cit.

158/ Este índice se incrementó de 1.125 en 1970, a 1.484 en 1975. Ibid., pp.LXVIII-LXIX.

CUADRO III.7

Volumen y valor de la producción de los principales PPB

	1970				1981			
	Volumen		Valor		Volumen		Valor	
	Miles de toneladas	Participación en total (%)	Millones de pesos	Participación en total (%)	Miles de toneladas	Participación en total (%)	Millones de pesos	Participación en total (%)
Total	1 031	100	1 347	100	4 115	100	17 978	100
Derivados gas natural (metano)	473	46	330	25	2 363	58	4 166	23
Amoniaco		454		300		2 183		3 471
Metanol		19		30		180		695
Etileno y derivados	158	15	421	31	892	22	7 739	43
Etileno		60		95		378		2 270
Acetaldehído		17		40		122		1 117
Oxido de etileno		-		-		49		713
Polietileno BD		26		159		91		1 263
Polietileno AD		-		-		78		1 390
Cloruro de vinilo		19		52		57		558
Dicloroetano		36		75		117		428
Propileno y derivados	98	10	215	16	298	7	1 908	11
Propileno		46		22		156		547
Acrilonitrilo		-		-		54		805
Isopropanol		3		7		16		148
Dodecilbenceno		49		186		60		408
Butadieno	-	-	-	-	12	-	148	1
Aromáticos	302	29	381	28	550	13	4 017	22
Benceno		77		98		77		596
Tolueno		89		98		132		889
Xilenos		42		48		87		647
O-xileno		14		20		17		130
P-xileno		-		-		38		494
Estireno		28		84		33		503
Ciclohexano		<1		1		44		380
Cumeno		-		-		2		27
Aromáticos pesados		38		16		54		134
Hexano		14		16		66		217

Nota: Los principales productos excluidos de la muestra son el anhídrido carbónico, el etano y el azufre. Estos tres productos representaban, en 1981, 51% del volumen total de producción, pero solamente 10.4% del valor de la misma.

Fuente: Pemex, Memoria de labores, 1981, México, Pemex, 1982, e IEPES, Industria petroquímica nacional, op. cit.

Al mismo tiempo, el crecimiento de la IPB indujo la aparición de nuevas empresas abastecedoras de este sector. Como resultado, el "índice de eslabonamiento hacia atrás" para esta rama fue superior al promedio nacional, tanto en 1970 como en 1975.159/

La expansión de la IPB requirió de un fuerte incremento de los recursos humanos laborando en esta área, con lo que se elevó el número de trabajadores de 1 550 en 1970, a 18 213 en 1982.160/ La importancia que adquirió esta rama en las actividades de Pemex se refleja en la evolución de su participación en el total del personal contratado por la empresa. Mientras que era de 2.2% en 1970, ascendió a 7.5% en 1976, para alcanzar 11.6% en 1982.

Dado el creciente grado de mecanización en la IPB, los equipos automáticos no han generado una demanda importante de obreros manuales que participen directamente en la transformación de los hidrocarburos. En virtud de las condiciones técnicas de automatización prevalecientes en esta rama, se diferencian, claramente dos categorías de trabajadores: los de oficio, que realizan principalmente labores de mantenimiento y conservación de las plantas y equipos, y los instrumentistas, tableristas y operadores de los equipos automáticos, junto con otros técnicos y profesionales de la IPB. Mientras que este último grupo es decisivo en cuanto a la obtención del producto específico, el primero es determinante en términos de su participación en el número total de trabajadores en la rama petroquímica.161/

159/ Ibidem.

160/ Véase el cuadro 12, en el anexo 1. El valor de las remuneraciones globales pasó de 135 millones de pesos en 1973, a 2 937 millones en 1980, es decir, un promedio de 250 mil pesos per cápita, en ese último año. Véase SPP, *op. cit.*, p.232.

161/ En un estudio de caso realizado en 1981 en el complejo petroquímico de Cactus, Chiapas, se observó que de las 1 648 personas ocupadas, 659 se encontraban en los niveles 03-08 que comprenden a obreros generales, ayudantes de operación, de operador mecánico y de patio, ayudantes de operario instrumentista y especialista, cabos de trabajos generales y operadores clase A. Sin embargo, de hecho, 597 trabajadores de estas categorías realizaban labores de mantenimiento general. Por otra parte, en el nivel 14, correspondiente a los operarios de primera, se encontraban también 143 obreros empleados en labores de conservación y mantenimiento. Es decir, que por lo menos 45% del personal total del complejo efectuaba trabajos no vinculados directamente con los procesos de producción petroquímica. Véase Hernández Pa

Los trabajadores de oficio son prescindibles para la empresa y su carácter eventual está claramente definido en las condiciones contractuales. En efecto, Pemex contrata la mayor parte de ellos como personal transitorio.162/ Por otra parte, los trabajadores instrumentistas, tableristas y operadores, que tienen mayor seguridad en el empleo, se ven sometidos, con frecuencia, a condiciones de prolongación considerable de su jornada laboral, lo que en ciertos casos ha permitido a la empresa cubrir, con dos turnos de trabajadores, prácticamente las 24 horas del día en los procesos continuos.

Consumo interno y balance del mercado

El elevado ritmo de crecimiento de la economía, en particular de 1978 a 1981 (8.5% anual en promedio), junto con la diversificación de los mercados finales e intermedios para los productos petroquímicos, en virtud de sus crecientes posibilidades de sustitución de productos, tuvieron como resultado un fuerte incremento de la demanda de productos petroquímicos básicos. El volumen del consumo nacional aparente creció a un ritmo anual de 14.5% en el periodo 1970-1982 (cuadro III.8 y gráfica III.2).163/

Como consecuencia, a principios de los ochenta , la producción seguía siendo deficitaria con relación a la demanda interna; la participación de las importaciones en el consumo nacional aparente fue prácticamente la misma en 1976 (13.8%), que en

---

Cont...
lacios, Luis, La industria petroquímica básica en México: evolución, transformación tecnológica y empleo, México, UAM, (mimeo), 1984.

162/ En 1981, en Cactus (véase nota de pie anterior) 70% y 80% de los trabajadores en los niveles 03-08 y 14, respectivamente, eran transitorios. Ibidem. En 1982, de los 18 213 trabajadores en la IPB, 51% era personal transitorio. Pemex, documentos internos.

163/ En el cuadro de insumo-producto elaborado por el Banco de México, que incluye 45 actividades económicas, la industria petroquímica secundaria es el sector que mayor dinamismo ha mostrado, después de la industria petrolera, de 1970 a 1978. Véase Mark y Ordoñez, F., "Política de desarrollo", en Energía, año 4, núm.42, junio de 1982.

CUADRO III.8

Consumo nacional aparente de productos petroquímicos básicos

(Mton)

AÑO	PRODUCCION BRUTA 1/ Volumen	PRODUCCION BRUTA 1/ Variación anual (%)	IMPORTACIONES 2/	EXPORTACIONES	CONSUMO NACIONAL APARENTE 3/ Volumen	CONSUMO NACIONAL APARENTE 3/ Variación anual (%)
1970	1 457.7	-	276.2	66.9	1 559.7	-
1971	1 594.1	9.4	332.3	69.6	1 736.0	11.3
1972	1 892.7	18.7	490.3	54.4	2 195.9	26.5
1973	2 219.3	17.3	485.4	34.6	2 562.5	16.7
1974	2 499.8	12.6	523.7	21.2	2 816.8	9.9
1975	2 864.4	14.6	380.2	13.9	3 073.6	9.1
1976	3 136.2	9.5	482.5	1.7	3 490.0	13.5
1977	3 320.8	5.9	657.8	30.2	3 763.3	7.8
1978	4 140.2	24.7	660.6	700.8	3 909.4	3.9
1979	4 594,1	11.0	776.5	750.0	4 377.5	12.0
1980	5 229.3	13.8	966.6	755.2	5 440.4	24.3
1981	6 767.4	29.4	1 038.7	812.5	7 003.3	28.7
1982	7 731.8	14.3	1 071.6	872.9	7 930.5	13.5

1/ Excluye el anhídrido carbónico venteado a la atmósfera.

2/ Incluye a Pemex y particulares (no tiene en cuenta el anhídrido carbónico que se importa y que representa menos de 1%).

3/ Incluye la variación de inventario, excepto para 1982.

GRAFICA III.2

Producción y consumo interno de la IPB 1970-1982

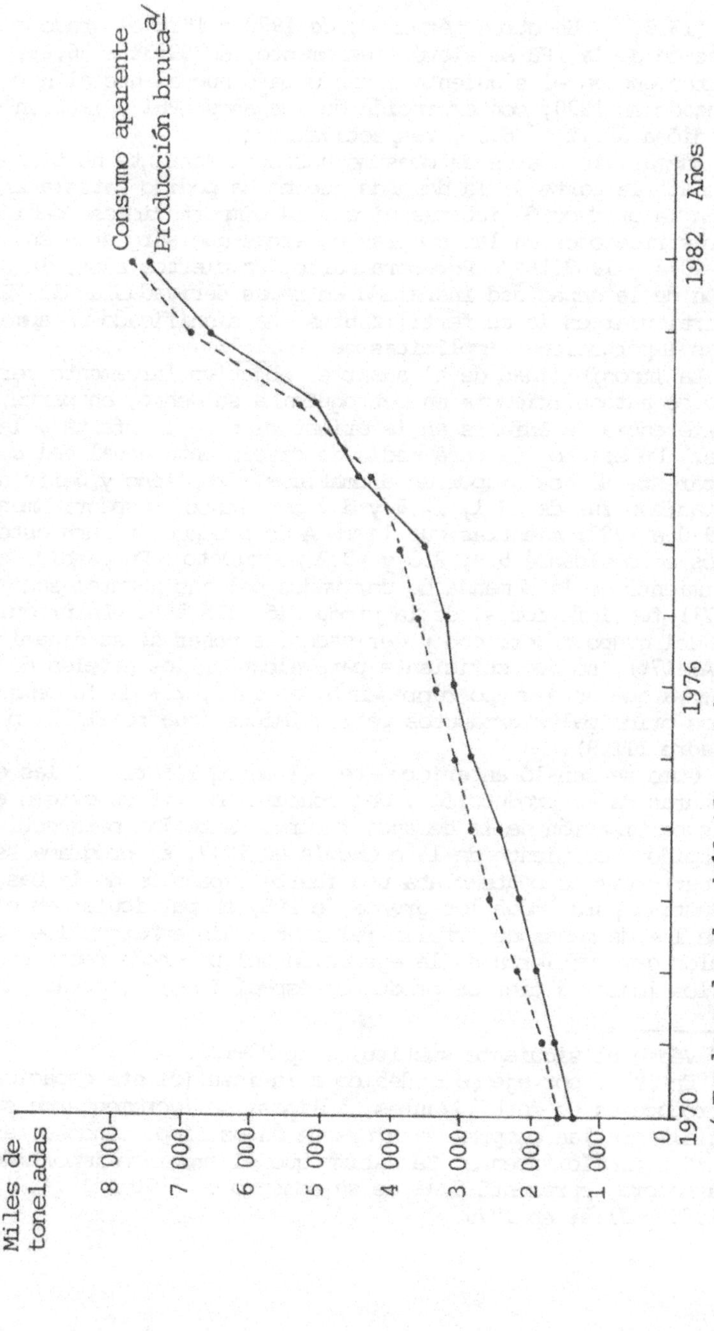

a/ Excluyendo el anhídrido carbónico no consumido.

Fuente: cuadro III.8

1982 (13.5%). En otros términos, de 1970 a 1976 el grado de integración de la IPB se elevó ligeramente, de 82.3% a 86.2%; mientras que en el siguiente sexenio bajó nuevamente al nivel alcanzado en 1970, con excepción de los años 1981 y 1982 en que ascendió a 85.1% y 86.5%, respectivamente.

Además, los datos de consumo nacional aparente no tienen en cuenta la parte de la demanda que no ha podido satisfacerse, ni con la producción interna ni con las importaciones, debido a las restricciones en las compras externas que surgieron en 1973-1974 y 1982.164/ Por otra parte, en ciertos años, la saturación de la capacidad instalada en ramas derivadas de la IPB, en particular en la de fertilizantes, ha significado un aumento de las importaciones implícitas de PPB.165/

La imposibilidad de alcanzar el objetivo largamente perseguido de autosuficiencia en petroquímica se debió, en parte, a la diferencia de énfasis en la orientación de la oferta y la demanda. En efecto, la tasa media de crecimiento anual del consumo aparente de los grupos de aromáticos, propileno y derivados, y butadieno fue de 12.1, 12.8 y 3.2 por ciento, respectivamente, de 1970 a 1982; mientras que la TMCA de producción para estos grupos sólo alcanzó 5.9, 9.3 y -3.9 por ciento. En cambio, el crecimiento de la demanda de derivados del gas natural seco (11.7%) fue inferior al de la producción (15.5%). La producción del grupo de etileno y derivados, a pesar de su dinamismo (TMCA: 17%), no fue suficiente para alcanzar los niveles de consumo, ya que este grupo representó, en 1982, 29% de la demanda de los principales productos petroquímicos (cuadro III.6, p.73 y cuadro III.9).

Como se señaló anteriormente, el desequilibrio en las estructuras de la producción y del consumo no tuvo su origen en una subestimación de la demanda futura. Ante las perspectivas de rápido crecimiento de la economía en 1977, el programa sexenal petroquímico contemplaba una fuerte expansión de la base productiva para todos los grupos de PPB, en particular en el caso de los de menor desarrollo relativo. Sin embargo, los obstáculos que surgieron en la ejecución del programa restringieron los logros a ciertos productos específicos; mientras que

164/ Véase el siguiente subtítulo, pp.93-100.

165/ En 1976, por ejemplo, debido a la insuficiente capacidad de producción de fertilizantes sólidos, se incrementaron sustancialmente las compras externas de éstos, importándose, así, amoniaco implícitamente. Se estima que el amoniaco importado de esta manera representó 9.4% de su consumo de 1970 a 1974, 17.7% en 1975 y 31.5% en 1976.

CUADRO III.9

Evolución del consumo aparente de los principales PPB

(Mton)

	1970		1976		1980		1982		TMCA (%)1/	
Total	1 103		2 554		3 757		4 562		12.6	
Derivados gas natural	473		936		1 302		1 788		11.7	
Amoniaco		454		865		1 173		1 635		11.3
Metanol		19		71		129		153		19.0
Etileno y derivados	263		669		1 163		1 384		14.8	
Etileno		60		226		366		427		17.8
Acetaldehído		42		51		106		162		17.0
Oxido de etileno		12		42		64		79		17.0
Polietileno BD		52		107		235		248		13.9
Polietileno AD		15		39		111		106		17.7
Cloruro de vinilo		37		79		154		150		12.4
Dicloroetano		40		117		121		201 2/		14.4
Percloroetileno		5		8		6		11		6.8
Propileno y derivados	118		274		416		466		12.1	
Propileno		46		116		157		180		12.0
Polipropileno		9		34		69		65		17.9
Acrilonitrilo		8		38		63		70		19.8
Isopropanol		7		18		31		42		16.1
Dodecilbenceno		48		68		96		109		7.1
Butadieno	44		46		72		64		3.2	
Aromáticos	205		629		804		860		12.7	
Benceno		34		110		98		108		10.1
Tolueno		58		141		162		150		8.2
Xilenos		13		83		90		111		19.6
O-xileno		16		23		29		26		4.1
P-xileno		-		84		133		167		12.1
Estireno		32		61		108		90		9.0
Aromáticos pesados		38		34		48		57		3.4
Hexano		14		30		60		76		15.1
Ciclohexano		-		47		50		48		0.4
Cumeno		-		16		26		27		9.1

1/ TMCA: tasa media de crecimiento anual.
2/ Esta cifra no incluye las eventuales importaciones por particulares.

Fuente: SPP, *Escenarios económicos de México*, *op. cit.*; IEPES, *Industria petroquímica nacional*, IEPES; ANIQ, *Anuario estadístico de la industria química*, *op. cit.* y Pemex, *Memoria de labores, 1970-1982*, *op. cit.*

del lado de la demanda -tan elevada como prevista para la mayoría de los PPB- aparecieron algunos factores que limitaron las posibilidades de consumo del amoniaco.

Así, mientras que la demanda experimentó un fuerte crecimiento en el caso de los productos cuya elaboración estaba prevista en La Cangrejera para 1978-1979 (etileno y derivados; aromáticos), el impacto del complejo sobre la oferta de dichos productos no se hizo sentir sino hasta 1982-1983. Cuando entraron en operación las plantas, la demanda del sector petroquímico secundario había crecido al punto de rebasar la capacidad productiva del complejo para varios productos, con el consecuente desvanecimiento no sólo de la posibilidad de disponer de excedentes exportables, sino también del logro del objetivo de autosuficiencia. Este fenómeno no sólo se circunscribió a La Cangrejera, ya que se experimentaron considerables retrasos en la ejecución del programa sexenal petroquímico en su conjunto.

En el caso del amoniaco, único producto donde la producción alcanzó el nivel previsto por el programa sexenal, se dispuso de considerables excedentes a partir de 1978, en gran parte como consecuencia del retraso en la terminación de la construcción de las plantas de urea de Fertilizantes Mexicanos y del reducido consumo de este producto como fertilizante por aplicación directa al suelo. Las expectativas que se tenían con respecto a este último uso del amoniaco se vieron parcialmente frustradas, dada la carencia de una red de distribución adecuada, la falta de equipo para utilizarlo y, en general, el desconocimiento de su manejo por parte de los campesinos. De esta manera, su mercado se restringió a las áreas de gran desarrollo agrícola y sin mayores problemas de abastecimiento.166/

En México, dado el monopolio en la IPB, la propia empresa productora absorbe una parte considerable de la producción y de las importaciones petroquímicas. De los 40 PPB elaborados en 1982, ocho fueron autoconsumidos íntegramente por Pemex (etano, etileno, etilbenceno, acetonitrilo, especialidades petroquímicas, ácido clorhídrico, nitrógeno y oxígeno); mientras que otros fueron utilizados parcialmente por la empresa.

La participación de Pemex en el consumo nacional aparente

166/ En 1980, el uso del amoniaco para fertilización directa ascendió a 23.1% del consumo interno total de este producto. Sin embargo, se estimó que la oferta total de amoniaco apenas había alcanzado a cubrir las necesidades de fertilizantes de los estados de Jalisco y Aguascalientes. Véase SPP, *et al*, *Industria petroquímica. Análisis y expectativas*, *op. cit.*, pp.102 y 107, y Angeles, Luis, "La industria petroquímica mexicana en la dinámica internacional", en *UnomásUno*, México, 9 de febrero de 1984.

de PPB se elevó a 37% en 1970, a 45% en 1982, con una disminución porcentual correspondiente en la distribución de las ventas internas (gráfica III.3).167/ Este cambio en la estructura del consumo interno aparente se debió, principalmente, al fuerte incremento relativo de la producción de etano, producto consumido en forma exclusiva por la empresa estatal.168/

El volumen de ventas internas de PPB creció de 1 970 Mton en 1970, a 4 434 Mton en 1982, es decir, a un ritmo anual de 13.3%. En valor y a precios corrientes, las ventas aumentaron de 1 260 millones de pesos a 34 945 millones en el mismo periodo, lo cual representó una TMCA de 32%.169/

Si bien la petroquímica secundaria es el principal sector consumidor de PPB, la IPB extiende sus mercados también a otras actividades productivas en virtud de la diversidad de los usos de sus productos (cuadro III.10). Aunque no se dispone de los datos que permitirían analizar el destino de las ventas internas, por sectores consumidores, en un estudio realizado en 1981 por la SPP se estima que 45% del valor de la producción se canaliza hacia las ramas de la petroquímica secundaria. Las industrias química y de refinación, la agricultura y algunas otras ramas manufactureras absorben 27% de la producción, mientras que el 28% restante es autoconsumido por Pemex (cuadro III.11).

Sólo 10% del valor de la producción petroquímica básica se destina a la elaboración de fertilizantes. El nivel de participación relativamente bajo de esta rama como sector consumidor de la IPB se debe a la contención del precio del amoniaco durante los setenta , de acuerdo con los objetivos de incremento de la productividad agrícola y de autosuficiencia alimentaria. Así, la distribución de este producto en las ventas petroquímicas internas ha sido significativamente más elevada en volumen que en valor (30.8% en el primer caso, comparado con 7.9% en el segundo, en 1982).170/

La contribución de la petroquímica básica a los ingresos por ventas de Pemex se elevó de 9.6% en 1970, a 12% en 1976-1977, a pesar del fuerte incremento de las exportaciones de petróleo en este último año. Ante la creciente importancia de las mismas en los años siguientes, la participación de la IPB en las ventas totales de la empresa disminuyó paulatinamente hasta representar sólo 4.8% en 1982 (cuadro III.12).

167/ Véase también el cuadro 19, en el anexo 1.

168/ La participación del etano en la producción bruta total se elevó de 5.5% en 1970, a 14.6% en 1982.

169/ La evolución del volumen y del valor de las ventas, por producto, se encuentra en el anexo 1, cuadros 13 y 14.

170/ Véanse los cuadros 13 y 14, en el anexo 1.

GRAFICA III.3

Producción y consumo de la IPB (1970-1982)

(Mton)

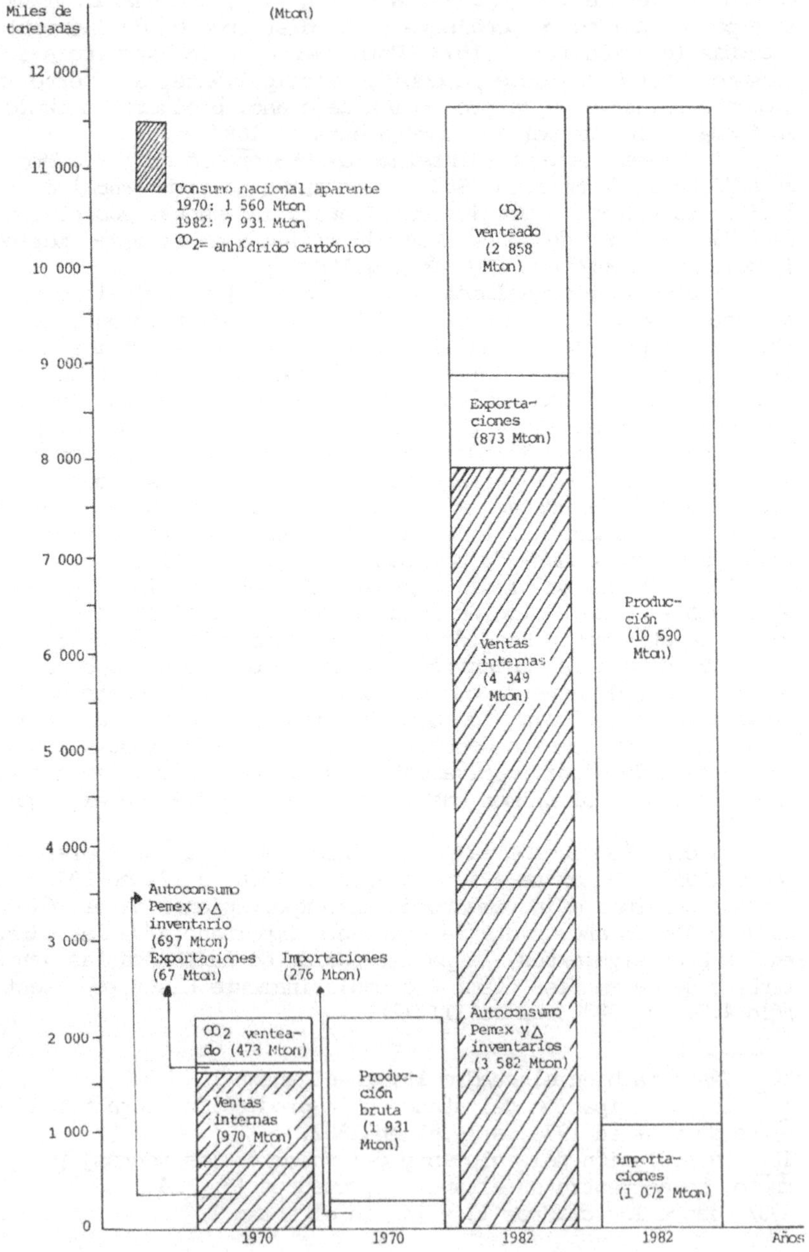

Fuente: Cuadros III.7, III.8, III.13.

CUADRO III.10

Mercado de los productos petroquímicos básicos

	Derivados del gas natural
Amoniaco	Fertilizantes, elastómeros, fibras sintéticas, resinas sintéticas, explosivos, colorantes, pesticidas, productos farmacéuticos.
Metanol	Plastificantes, fibras sintéticas, resinas, adhesivos, pesticidas, tintas, perfumes, polvos para moldeo, solventes, pinturas, explosivos, elastómeros.
	Derivados del etileno
Acetaldehído	Fibras sintéticas, pinturas, adhesivos, solventes, perfumes, pesticidas, medicamentos, plastificantes, humectantes, pisos, discos.
Oxido de etileno	Fibras sintéticas, anticongelantes, colorantes, plastificantes.
Polietileno BD y Polietileno AD	Película, empaques, monofilamentos, tubería, tinacos.
Cloruro de vinilo	Plásticos, adhesivos, pisos, tubería, perfiles, discos, calzado, juguetes, película.
Percloroetileno	Aerosoles, resinas sintéticas, refrigerantes, solventes.
	Butadieno
	Llantas, bandas transportadoras y de tracción, suelas, tacones, losetas, mangueras, tapetes, rodillos para imprenta, tapones para envase, base para goma de mascar, pintura emulsionada para muros.
	Derivados del propileno
Acrilonitrilo	Fibras sintéticas, plásticos, floculantes, adhesivos, plastificantes, elastómeros, partes automotrices, teléfonos, saborizantes.
Isopropanol	Solventes, agentes de flotación, reactivos químicos.
Dodecilbenceno	Detergentes, agentes tensoactivos.
Polipropileno	Plásticos moldeados por inyección, fibras, películas, telas filtrantes, bolsas
Oxido de propileno	Poliuretanos.

CUADRO III.10 (continúa)

	Aromáticos
Benceno	Resinas sintéticas, elastómeros, colorantes, insecticidas, fibras sintéticas.
Tolueno	Alimentos, colorantes, perfumes, medicamentos, plastificantes, resinas sintéticas, elastómeros, explosivos, pesticidas.
O-xileno	Resinas sintéticas, plastificantes.
Mezcla de xilenos	Plastificantes, fibras y resinas sintéticas, pesticidas, adhesivos, tintas, pinturas, detergentes.
Estireno	Resinas sintéticas, elastómeros, resinas intercambiadoras de iones, recubrimientos.
Ciclohexano	Resinas sintéticas, nylon, solventes.
Cumeno	Resinas, solventes, agentes tensoactivos, colorantes.

Fuente: SPP, Escenarios económicos de México, op. cit., p.237.

CUADRO III.11

Destino de la producción de la IPB

Rama	%	
Petroquímica básica	27.71	
Petroquímica secundaria	45.57	
Fertilizantes y abonos		10.51
Resinas sintéticas, plásticos y fibras artificiales		18.61
Otras		16.45
Industria química	14.84	
Química básica		3.29
Jabones, detergentes, perfumes, cosméticos, artículos de plástico		11.55
Refinación del petróleo	2.93	
Otras industrias manufactureras	3.06	
Agricultura	1.69	
Otras	4.20	
Total	100.00	

Fuente: SPP (1981), Industria petroquímica, p.14;
SPP (1981), Sistema de cuentas nacionales de México.

CUADRO III.12

Participación de la IPB en las ventas netas totales de Pemex (1970-1982)

(millones de pesos)

	Ventas netas Pemex			Ventas PPB			
AÑO	Ventas internas	Exportaciones	Total a/ (1)	Ventas internas	Exportaciones	Total (2)	Participación (2) en (1)
1970	12 914	505	13 600	1 260	47	1 307	9.6
1971	14 033	424	15 176	1 375	48	1 423	9.4
1972	15 609	326	16 474	1 755	33	1 788	10.9
1973	18 305	423	19 555	2 112	59	2 171	11.1
1974	30 616	1 610	32 798	2 604	82	2 686	8.2
1975	33 029	5 314	39 710	4 051	66	4 117	10.4
1976	38 106	6 835	46 469	5 642	9	5 651	12.2
1977	52 812	23 723	76 729	9 112	66	9 178	12.0
1978	58 696	41 892	100 595	10 039	1 541	11 580	11.5
1979	73 177	92 876	166 053	12 115	2 509	14 624	8.8
1980	90 325	239 136	335 461	18 232	2 889	21 121	6.3
1981	111 640	349 284	460 924	22 182	3 668	25 850	5.6
1982	182 146	896 854	1 079 000	34 945	6 501	41 446	4.8
TMCA			41.2%	31.9%		33.4%	

a/ Incluye los subsidios (otorgados a través de la reducción de precios de venta) cubiertos por el gobierno federal.

Fuente: de 1970 a 1981: Pemex, documentos internos; 1982: Pemex, Memoria de labores, 1982, México, Pemex, 1983.

De 1970 a 1972, las utilidades en la rama petroquímica equivalieron a alrededor de 10% de sus ventas, para transformarse, después, en pérdidas crecientes.171/ Estas últimas, que en 1978 equivalieron a 42% de las ventas realizadas (4 900 millones de pesos), llegaron a alcanzar, en 1979, 82% de las ventas (12 000 millones).172/

La situación deficitaria de la IPB a partir de principios de los setenta se debió, en parte, a la política de subsidio en la comercialización de las importaciones. Desde el inicio de la petroquímica en México, se estableció que Pemex importaría los PPB cuya producción nacional resultaba insuficiente, y el sector privado, aquellos que la empresa estatal aún no elaboraba. Para cada PPB, surtido por la empresa estatal, se fijaría un solo precio, independientemente de su origen. Hasta mediados de los setenta, los precios internos fueron, en general, superiores a los internacionales, de tal forma que la comercialización de las importaciones no significó ni una carga financiera para Pemex, ni un subsidio para la iniciativa privada. Sin embargo, a raíz de las devaluaciones del peso mexicano en 1976 y 1982, del alza de los precios de los PPB en el mercado internacional, y del incremento del volumen de importaciones, la reventa de éstas al precio vigente para la producción nacional implicó para Pemex, absorber una parte creciente del costo de importación. El subsidio que otorgó, así, la empresa estatal al sector privado se elevó de 667 millones de pesos en 1974, a 5 333 millones en 1979 (cuadro III.13). En este último año, las pérdidas de Pemex por concepto de importaciones petroquímicas representaron casi la mitad del déficit en la rama petroquímica.

Por otra parte, los costos de operación en la IPB crecieron a un ritmo anual medio de 26.2% en el periodo 1970-1979, el cual fue superior a la tasa registrada en las áreas de explotación petrolera (23.2%) y de refinación (20.3%).173/

La falta de datos oficiales desagregados sobre los costos de producción de Pemex no permite determinar hasta qué punto

---

171/ SPP, Escenarios económicos de México, op. cit. pp.238-239.

172/ Se consideraron aquí las pérdidas netas, una vez deducidos el costo financiero (prorrateado para la IPB) y el impuesto. Las pérdidas antes del impuesto alcanzaron 3 500 millones de pesos en 1978, y 10 000 millones de pesos en 1979. Véase el cuadro 15, en el anexo 1. En el cuadro 16 se presenta una estimación de los costos e ingresos de la IPB en 1980.

173/ SPP, Escenarios económicos, op. cit., p.706. De 1970 a 1981, la TMCA de los costos de operación fue de 28.9%. Véase el cuadro 17, en el anexo 1.

CUADRO III.13

Subsidio en la comercialización de petroquímicos importados

(millones de pesos)

AÑO	INGRESOS POR VENTAS DE IMPORTACION	COSTO DE IMPORTACION	COSTO DE COMERCIALIZACION	SUBSIDIO
1974	585	932	330	667
1975	755	712	250	187
1976	1 636	1 659	580	603
1977	3 520	3 599	1 260	1 339
1978	3 919	3 721	1 300	1 102
1979	4 967	7 628	2 670	5 331

Fuente: Pemex, Estados financieros al 31 de diciembre de 1979 y SPP, La industria petrolera en México, op. cit. Citado en SPP, et al., Industria petroquímica, op. cit.

los precios de la producción nacional han representado un subsidio al sector secundario. Sin embargo, la lenta evolución de los mismos, en comparación con el índice de precios del sector industrial en su conjunto, evidencia una política de bajos precios. De 1970 a 1979, el índice de precios de la producción petroquímica básica creció a una tasa promedio de 12.2% anual, mientras que la del sector industrial, en su conjunto, fue de 16.5%. De 1980 a 1982 las tasas fueron de 21.9%, en el primer caso y de 39.9%, en el último.174/

El crecimiento de los precios de los PPB se sustentó en cinco incrementos generales que tuvieron lugar en julio de 1973,

174/ Véase el cuadro 18, en el anexo 1. En el caso específico del amoniaco, el precio interno se incrementó en sólo 7% anual durante el decenio de los setenta y en 8.4% en todo el periodo 1970-1982. Cabe señalar que las economías de escala, obtenidas en las plantas de gran capacidad, que empezaron a operar a partir de 1978, permitieron reducir sustancialmente los costos de producción. Véase SPP, Escenarios económicos, op. cit., p.236.

diciembre de 1976, enero de 1980, y junio y septiembre de 1982. Estas alzas fueron motivadas principalmente por el distanciamiento entre los precios internos e internacionales, que originaba la insostenible situación financiera de la empresa.175/ En 1982, a pesar del establecimiento de un sistema de ajustes trimestrales de los precios internos,176/ éstos se distanciaron de los internacionales en una magnitud nunca alcanzada en el pasado, debido a la pérdida de valor del peso frente al dólar en ese año (cuadro III.14).177/

Por otra parte, la comercialización de los petroquímicos, tanto básicos como secundarios, se vio obstaculizada por deficiencias en el sistema nacional de transporte, que dificultaban tanto el abastecimiento oportuno de los PPB nacionales o de importación, como la distribución eficiente de los productos terminados.178/

175/ En general, los aumentos fueron diferenciados según los productos. En 1980, por ejemplo, se incrementó el precio de 16 de los 30 PPB, en proporciones que iban de 6 a 200 por ciento. En 1982 los incrementos fueron de 30 hasta 174 por ciento (excepto para el sulfato de amonio cuyo incremento alcanzó 456%). Véase la evolución de los precios a nivel de productos en el anexo 1, cuadro 18.

176/ Véanse pp.57-58.

177/ Según Pemex, el subsidio en la reventa de productos petroquímicos básicos importados alcanzó 12 237 millones de pesos en 1982 (véase "Nuevos precios de petroquímicos", en Transformación, novena época, vol. 1, núms. 6 y 7, México, CANACINTRA, junio-julio de 1982). A pesar de los ajustes posteriores (que conjuntamente significaron un incremento promedio de 114% de noviembre de 1982 a julio de 1983), en términos de dólares los petroquímicos básicos eran solamente 2% más caros en julio de 1983, que a fines del sexenio anterior.

178/ "Los sistemas carretero, ferroviario y portuario no cuentan con capacidad suficiente para recibir, almacenar y transportar los insumos y productos de esta industria generando así un costo adicional que se transfiere finalmente al consumidor nacional y que contribuye a limitar la competitividad en mercados externos." IEPES, *op. cit.*, p.87

CUADRO III.14

Precios comparativos de algunos productos petroquímicos básicos en México y Estados Unidos (dólares/ton)

Producto	País[a]	1970	Difer. %	1974[b]	Difer. %	1977[b]	Difer. %	1980	Difer. %	1982[c]	Difer. %
Acetaldehído	Méx.	188	4	326	(25)	300	32	470	15	258	186
	EU.	195		260		396		539		738	
Amoníaco	Méx.	63	(5)	45	144	69[d]	88	75		39	246/426
	EU.	60		110		130				135/205[e]	
Ciclohexano	Méx.	137	(69)	366	(33)	306	4	357	63	286	94
	EU.	81		276		295		582		556	
Cloruro de vinilo	Méx.	220	(120)	345	(130)	319	1	451	(2.5)	244	99
	EU.	100		150		323		440		485	
Dodecilbenceno	Méx.	300	(30)	411	(68)	301	94	300		261	276
	EU.	230		245		583		900		981	
Estireno	Méx.	237	(32)	478	(6)	460	0	652	35	431	71
	EU.	180		450		462		880		738	
Oxido de etileno	Méx.	-	-	392	(40)	600	1	633	25	373	166
	EU.	210		280		605		792		992	
Ortoxileno	Méx.							326	55	251	133
	EU.							506		584	
Percloroetileno	Méx.	-	-	-	-	289	129	500	1	301	47
	EU.	225		240		374		506		441	
Polietileno AD	Méx.							752	24	557	91
	EU.							935		1 063	
Polietileno BD	Méx.							539	65	524	44
	EU.							891		754	
Tolueno	Méx.	84	(22)	173	(30)	158	8	283	40	218	89
	EU.	69		133		171		397		412	
M y P-xilenos	Méx.	87	2	284	(106)	222	(28)	313	22	240	187
	EU.	89		138		174		381		689	

a/ En general, los precios en los Estados Unidos están muy próximos a los del mercado internacional debido al gran volumen y a la alta competencia que existe en su mercado químico. Sin embargo, cabe aclarar que algunos de los precios para EU son nominales o bien aplicables a transacciones reducidas. En los grandes contratos, las empresas químicas y petroleras de ese país obtienen, por lo general, importantes descuentos. Para 1980, el precio que aparece en el renglón EU, es en realidad el precio internacional.

b/ En vista de que, en el caso de México, se utilizaron los precios promedio del año, se seleccionaron los años 1974 y 1977 para reflejar los aumentos ocurridos a fines de 1973 y 1976.

c/ Nuevos precios de Pemex a partir de junio de 1982. Se convirtieron los precios internos en dólares a una tasa de cambio de 1 dólar =57.44 pesos (tipo de cambio controlado; promedio del año).

d/ En México, el precio anotado corresponde al del amoniaco utilizado para fertilizantes; para otros usos el precio es más alto.
El precio en el mercado internacional es del orden de 110 dólares/ton.

e/ El precio de exportación del amoniaco mexicano fue de 160 dólares.

Fuente: Giral, José *et al.*, *op. cit.*, p.102; SPP, *op. cit.*, p.238; *El Día*, México, 27 de mayo de 1982; *Chemical Marketing Reporter*, Estados Unidos, SPC inc., 1982, pp.24-33.

Comercio exterior

El saldo negativo del comercio exterior de Pemex en el área petroquímica se incrementó de 25 Mton en 1970, a 430 Mton en 1977. El año siguiente, el fuerte incremento de la producción de derivados del gas natural seco permitió la colocación, en el mercado internacional, de excedentes considerables de amoniaco y metanol. Consecuentemente, en volumen, el saldo de la balanza comercial petroquímica registró un superávit de 215 Mton, que se mantuvo hasta 1982 (172 Mton), a pesar del ligero déficit de 1980 (cuadro III.15 y gráfica III.4).

Sin embargo, al considerar la economía nacional en su conjunto, incluyendo en el balance las importaciones de PPB por particulares (35% de las importaciones totales en 1982), el déficit en volumen del comercio exterior de la industria petroquímica básica ha sido prácticamente ininterrumpido de 1970 a 1982.

A pesar de la importancia que adquirieron las ventas externas de amoniaco y metanol a partir de 1978, el bajo valor comercial internacional de estos productos, en comparación con el valor de las importaciones que Pemex tuvo que efectuar,179/ ha significado que la balanza comercial de la empresa, en esta área, haya sidc deficitaria en forma creciente en términos del valor. El déficit, a precios corrientes, pasó de 92 millones de pesos en 1970, a 12 057 millones en 1982 (cuadro III.16 y gráfica III.5).180/

De 1970 a 1982, la participación de las compras externas de PPB en las importaciones totales de Pemex se elevó crecientemente (25% en 1970; 49% en 1976 y 73% en 1982). En contraste, las ventas petroquímicas externas, que se mantuvieron alrededor de 10% de las exportaciones totales de la empresa de 1970 a 1974, se volvieron insignificantes de 1970 a 1977 y promediaron menos de 5% de 1978 a 1985.181/

La evolución del comercio exterior en petroquímica básica pone en evidencia que, no obstante el rápido incremento de la

---

179/ Mientras que el precio del amoniaco en el mercado internacional se incrementó en 8.5% anual de 1970 a 1982, la mayoría de los PPB que importó Pemex registraron aumentos de precios considerablemente mayores. Véase el cuadro III.14, p.91.

180/ Para los datos en dólares, véase el cuadro 22, en el anexo 1. La falta de información sobre el valor de las importaciones por particulares impide la evaluación del déficit nacional de la balanza comercial de PPB, en términos monetarios.

181/ Véase Pemex, Memoria de labores, 1970-1982, México, Pemex, 1971-1983.

CUADRO III.15

Comercio exterior de PPB (Pemex y particulares), 1970-1982

(ton)

AÑO	Importaciones			Exportaciones	Saldo	
	Pemex	Particulares	Total		Pemex	IPB
1970	90 794	185 406	276 200	65 998	(24 796)	(210 202)
1971	104 961	227 339	332 300	69 577	(35 384)	(262 723)
1972	166 299	324 001	490 300	54 370	(111 929)	(435 930)
1973	124 925	360 475	485 400	34 616	(90 309)	(450 784)
1974	157 623	366 077	523 700	21 171	(136 452)	(502 529)
1975	179 166	201 034	380 200	13 860	(165 306)	(366 340)
1976	316 647	165 853	482 500	1 699	(314 948)	(480 801)
1977	460 431	197 369	657 800	30 211	(430 220)	(627 589)
1978	485 442	175 158	660 600	700 773	215 331	40 173
1979	595 904	270 596	866 500	750 002	154 098	(116 498)
1980	762 123	204 477	966 600	755 200	(6 923)	(211 400)
1981	789 833	248 867	1038 700	812 457	22 624	(226 243)
1982	701 080	370 520	1071 600	872 920	171 840	(198 680)

Fuente: SPP, *La industria petrolera en México*, México, SPP, 1980;
Pemex, *Memoria de labores, 1977-1982*, México, Pemex, 1978-1983;
Pemex, *Anuario estadístico, 1977*; México, Pemex, 1978;
IMP, estadísticas internas.

GRAFICA III.4

Exportaciones e importaciones de PPB
(en volumen)

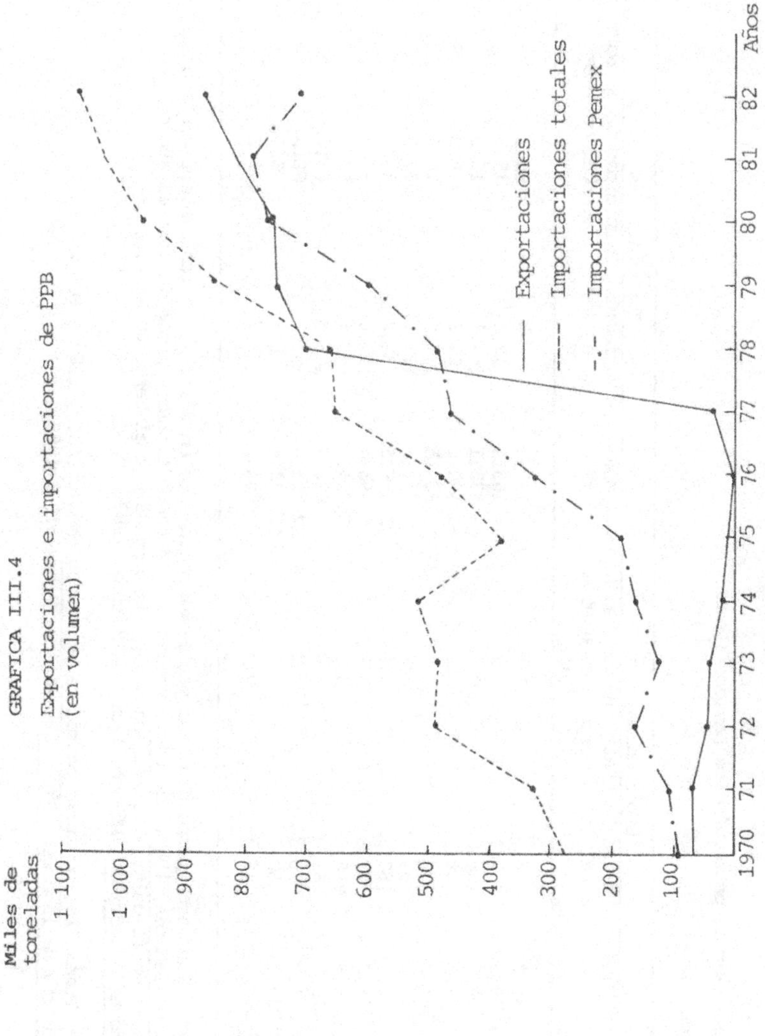

Fuente: Elaborado a partir del cuadro III.15

CUADRO III.16

Comercio exterior de petroquímicos básicos (Pemex)

(millones de pesos)

AÑO	Exportaciones			Importaciones			Saldo
	MM$ (1)	Variación anual (%)	Participación en total exportación Pemex (%)	MM$ (2)	Variación anual (%)	Participación en total importación Pemex (%)	(1) (2)
1970	47.3	---	9.4	139.0	---	25.1	(91.7)
1971	48.3	2.1	11.1	163.2	17.4	15.7	(114.9)
1972	34.7	(28.2)	10.7	235.1	44.1	15.5	(200.4)
1973	58.6	68.9	13.1	300.0	27.6	8.3	(241.4)
1974	119.0	103.1	7.1	880.5	193.5	16.7	(761.5)
1975	54.1	(54.5)	0.9	712.6	(23.6)	17.0	(658.5)
1976	8.7	(83.9)	0.1	1 658.5	132.8	48.6	(1 658.5)
1977	76.2	775.8	0.3	3 598.7	117.0	75.2	(3 522.5)
1978	1 536.6	1 916.5	3.7	3 721.6	3.4	53.2	(2 185.0)
1979	2 476.7	61.2	2.7	7 626.7	105.0	61.4	(5 150.0)
1980	2 881.2	16.3	1.2	12 025.6	57.7	68.3	(9 144.4)
1981	3 764.7	30.7	1.1	12 832.6	6.7	76.7	(9 067.9)
1982 a/	8 065.0	114.2	0.8	23 051.9	79.7	72.9	(14 896.9)

a/ Para 1982, los datos proporcionados por Pemex únicamente en dólares, fueron convertidos a pesos, *Memoria de labores, 1982, op. cit.*, utilizando la tasa de cambio promedio para el año en consideración (1 dólar =57.4431 pesos), proporcionada por el Banco de México, *Indicadores económicos*, México, Banco de México, 1983.

Fuente: SPP/Pemex, *La industria petrolera en México*, México, SPP, 1980 y Pemex, *Memoria de labores, 1970-1982*, México, Pemex, 1971-1983.

GRAFICA III.5

Exportaciones e importaciones de PPB por Pemex (millones de pesos)

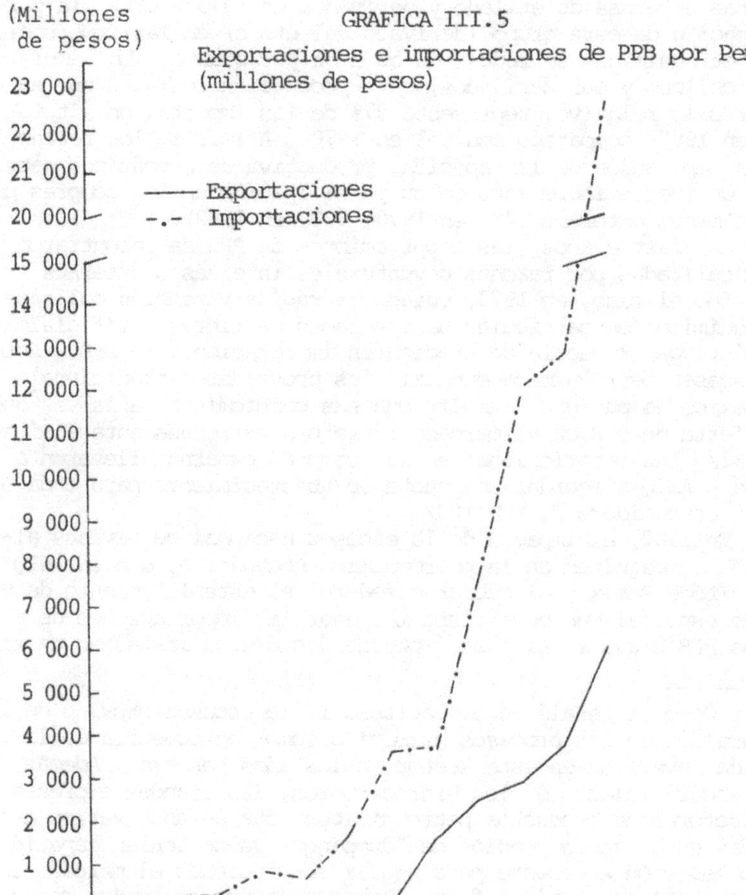

Fuente: Elaborado con base en el cuadro III.18.

producción desde 1977, no se ha logrado cumplir con el objetivo de autosuficiencia. Así, en 1982, Pemex erogó 18 557 millones de pesos en la compra en el exterior de productos petroquímicos.

La modalidad de ampliación de la base petroquímica en México, queda reflejada en la evolución de la estructura de las importaciones (cuadro III.17). A pesar de la triplicación de las compras externas de etileno y derivados de 1970 a 1982, la participación de este grupo (derivado del etano) en las importaciones petroquímicas se redujo de 56 a 36 por ciento. En cambio, el propileno y sus derivados, cuya producción registró un menor desarrollo relativo, representó 27% de las importaciones totales en 1982, comparado con 15% en 1970. Asimismo, los retrasos en la ampliación de la capacidad productiva de aromáticos determinó un fuerte incremento de su participación en las compras petroquímicas externas (4%, en 1970; 30%, en 1982).

En ciertos años, las importaciones de PPB se encontraron obstaculizadas por razones coyunturales internas o externas. Este fue el caso, en 1973, cuando la rápida expansión del sector químico (en particular de las ramas de fibras artificiales y plásticos) requería de crecientes importaciones de PPB. Ante la escasez petroquímica mundial, los proveedores tradicionales de México no pudieron cumplir con sus compromisos, a la vez que la oferta de PPB en el mercado libre era extremadamente limitada.182/ Las restricciones en las compras externas llevaron a Pemex y ANIQ a acordar una cuota de abastecimiento para cada empresa consumidora de PPB.183/

En 1982, el impacto de la escasez nacional de divisas alcanzó tal magnitud en la petroquímica secundaria, que la ANIQ solicitó a Pemex y al gobierno federal el establecimiento de un fondo especial que permitiera mantener las importaciones de algunos PPB clave . Algunas empresas decidieron instaurar un sis

---

182/ Como se señaló en el capítulo I, la escasez provino de la saturación de los procesos primarios como consecuencia de la reducida inversión en este sector en los años sesenta . Además del encarecimiento de los hidrocarburos, las grandes empresas productoras de productos petroquímicos, que durante varios años habían exportado a precios de "dumping", ya no tenían capacidad de producción excedente para seguir abasteciendo el mercado internacional en la misma forma. Ambos factores se conjugaron en una drástica elevación de los precios. Véase UNIDO, *op. cit.*, y *Excélsior*, México, 8 de mayo de 1974.

183/ Dicho racionamiento fue motivado por la especulación que surgió a raíz de la escasez de PPB. Véase *El Universal*, México, 1 de diciembre de 1973; *Excélsior*, México, 8 de abril de 1974 y *Novedades*, México, 23 de marzo de 1974.

CUADRO III.17

Evolución del comercio exterior de la IPB*/ (1970, 1976, 1980 y 1982)

(mton)

Productos	1970	1976	1980	1982
Total exportaciones	105	2	755	873
Amoniaco	-	-	710	835
Metanol	-	-	45	38
Otros	105	2	-	-
Total importaciones	180	392	920	846
Derivados del gas natural	-	39	-	-
Amoniaco	-	-	-	-
Metanol	-	39	-	-
Etileno y derivados	101	114	386	307
Etileno	-	-	-	31
Acetaldehído	25	4	58	12
Oxido de etileno	12	17	34	-
Polietileno BD	26	14	143	155
Polietileno AD	15	39	43	27
Cloruro de vinilo	18	19	89	71
Percloroetileno	5	8	5	11
Dicloroetano	-	13	14	-
Propileno y derivados	27	91	193	232
Propileno	-	2	20	22
Polipropileno	9	34	69	65
Acrilonitrilo	8	16	9	17
Isopropanol	4	14	18	31
Dodecilbenceno	-	5	41	47
Oxido de propileno	6	20	36	50
Butadieno	44	28	55	50
Aromáticos	8	120	286	257
Benceno	-	2	15	12
Tolueno	-	9	37	12
Xilenos	2	16	13	12
O-xileno	2	4	13	20
P-xileno	-	45	95	131
Estireno	4	26	77	61
Ciclohexano	-	3	10	13
Cumeno	-	15	26	6

*/ La muestra considerada, que incluye las importaciones de Pemex y de particulares, representa cerca de 80% de las importaciones petroquímicas totales. La evolución de las importaciones de Pemex, por año y por producto, se encuentra en el anexo 1, cuadro 23.

Fuente: SPP, Escenarios económicos de México, op. cit., p.236; ANIQ, Anuario de la industria química mexicana, México, ANIQ, varios años; Pemex, Memoria de labores, 1970-1982, México, Pemex, 1971-1983.

tema de trueque a nivel internacional, el cual provocó una contracción de la oferta de ciertos productos finales en el mercado interno. En efecto, parte de la producción se exportaba con el fin de conseguir divisas o materias primas petroquímicas.184/

De 1970 a 1976, la presencia de Pemex en el mercado petroquímico mundial fue intermitente y limitada a algunos excedentes temporales de producción, como consecuencia de la política de inversiones enfocada estrictamente hacia la satisfacción de la demanda interna. Las exportaciones disminuyeron, así, de 66 Mton en 1970, a menos de 2 Mton en 1976.185/

Sin embargo, a partir de mediados de los setenta , el discurso político de Pemex puso énfasis en una participación más activa de la industria petroquímica básica mexicana en el mercado mundial, con base en la instalación de una capacidad de producción a gran escala para varios productos, que permitiría disponer de amplios excedentes exportables. Los resultados muestran una realidad que refleja el carácter voluntarista de las metas fijadas: en 1982, las exportaciones (873 Mton) representaron sólo 8.2% de la producción total de productos petroquímicos básicos, comparado con 26% establecido en el programa petroquímico sexenal, concentrándose en dos productos (amoniaco y metanol), en lugar de los 21 previstos. La afirmación se refuerza si se tiene en cuenta que las exportaciones de elevados volúmenes de amoniaco se debieron, en parte, a los retrasos de la puesta en marcha de plantas de urea de FERTIMEX, principal consumidor de amoniaco.

Por otra parte, la rentabilidad económica de la exportación de los excedentes de amoniaco ha sido cuestionada, dado su bajo precio internacional. Probablemente, si la cantidad de gas natural utilizada como insumo para la elaboración de amoniaco se hubiera exportado, habría proporcionado más divisas que la exportación de éste.186/

184/ Véase Soder, S., "Mexico update: 1982-1983", en World Petrochemical, Estados Unidos, SRI International, 1983, p.3.

185/ En este periodo, una parte de las exportaciones se destinó a países miembros de la ALALC, en el marco del Acuerdo de Complementación de Excedentes y Faltantes sobre Productos Petroquímicos. Este acuerdo permitió la comercialización de PPB con ventajas arancelarias temporales en relación con productos provenientes de países no pertenecientes a la ALALC. Véase Aizpuru, J., "Consideraciones sobre la situación actual y posibilidades futuras de comercio exterior con productos petroleros", en IMIQ, México, IMIQ, marzo de 1976, p.71.

186/ Cuando se elaboró el programa sexenal ya se tenía programado el gasoducto Cactus-Reynosa, con lo cual se abría la opción de exportar los excedentes de gas natural una vez satisfecha la demanda interna de amoniaco, opción que no parece haberse considerado.

Si bien las exportaciones mexicanas de productos petroquímicos básicos han sido limitadas, desde el inicio de los ochenta el país no ha escapado al impacto de la política generalizada, entre los países industrializados, de reforzar sus medidas proteccionistas en perjuicio de los exportadores de productos petroquímicos.187/ Así, en 1982, los productores de amoniaco de Estados Unidos solicitaron al Departamento de Comercio la imposición de derechos compensatorios a las importaciones de amoniaco provenientes de México, por considerar que éstas recibían un subsidio gubernamental en su producción. En 1983, después de una investigación minuciosa, el gobierno norteamericano rechazaría finalmente dicha petición.188/

El comercio exterior de productos petroquímicos básicos se concentró en torno a Estados Unidos, país que, en 1981, proporcionó 80% de las importaciones y absorbió cerca de un tercio de las ventas mexicanas (cuadros III.18 y III.19).

187/ El refuerzo de las medidas proteccionistas de los países industrializados, surgió frente a la decisión de los países exportadores de petróleo de destinar cuantiosos recursos para ampliar su planta industrial con el fin de dotar de mayor valor agregado al crudo extraído. De esta manera se multiplicaron las fuentes de abastecimiento de productos petroquímicos a nivel mundial, en un plazo relativamente corto. La ampliación del número de proveedores de productos petroquímicos, junto con la recesión mundial, generó una sobrecapacidad en esta industria, que hizo que la mayoría de las plantas trabajaran con bajos rendimientos de la capacidad instalada, e incluso que las instalaciones ineficientes dejaran de operar.

188/ Véase Departamento de Comercio de Estados Unidos, "El caso del amoniaco mexicano", en Comercio exterior, vol. 33, núm.8, México, Banco Nacional de Comercio Exterior, agosto de 1983, pp.759-766.

CUADRO III.18

Países de origen de las importaciones de PPB (Pemex), 1981

Países	Participación porcentual en volumen	en valor
Estados Unidos	85.0	84.9
España	3.5	3.4
Inglaterra	2.8	2.9
Italia	1.6	2.0
Francia	1.5	1.1
Venezuela	1.5	1.1
Portugal	1.0	1.0
Brasil	1.0	0.7
Canadá	0.7	0.8
Suiza	0.7	0.7
Otros	0.7	1.4
Total	100.0	100.0

Fuente: SPP/Pemex, *La industria petrolera en México*, México, 1983.

CUADRO III.19

Países de destino de las exportaciones de PPB, 1981

Países	Participación porcentual en volumen	en valor
Estados Unidos	42.1	38.9
España	19.9	21.8
Brasil	17.8	19.1
Costa Rica	7.0	7.0
Suecia	6.5	7.0
Italia	2.8	2.8
Dinamarca	1.9	1.9
Suiza	1.6	1.0
Alemania	0.4	0.5
Total	100.0	100.0

Fuente: SPP/Pemex, *La industria petrolera en México*, México, 1983.

IV. SITUACIÓN DE LA PETROQUÍMICA BÁSICA EN 1982

El último año del sexenio 1976-1982 fue significativo para la IPB, tanto por los logros alcanzados por Pemex en esta rama, como por la aparición de los primeros indicios de un cambio en la estrategia de la empresa en el área petroquímica.

Gracias a la terminación de varias obras petroquímicas en ese año, la capacidad instalada de la IPB se elevó en 27.5% de 1981 a 1982, lo cual representó uno de los más altos incrementos anuales registrados desde el inicio de esta rama. En el sur de Veracruz entraron en operación diez plantas en el complejo La Cangrejera y tres en Pajaritos, donde destacaba la unidad de etileno, tanto por su tamaño (500 Mton/año), como por su nivel de complejidad tecnológica. Se ampliaba, así, la base productiva en una región que se había transformado en uno de los grandes centros industriales químicos del país.

Aunque dichas plantas se encontraban en fase de arranque, la producción bruta registró también un fuerte aumento en 1982 (15.6%) y presentaba la estructura siguiente:189/

- derivados del gas natural seco	57.4%
- etileno y derivados	23.2%
- butadieno	0.3%
- aromáticos	13.0%
- propileno y derivados	6.1%

Los derivados del metano y etano conformaban, así, 80% de la producción, en comparación con 61% en 1970, con lo que se evidenciaba el desarrollo de la IPB mexicana, fundamentalmente con base en el aprovechamiento del gas natural.

Sin embargo, la expansión de la planta y producción petroquímica en 1982, como resultado del programa de inversión sin precedente llevado a cabo en el sexenio a punto de finalizar, no

189/ Véase el cuadro III.6, p.73.

permitió que se redujera la dependencia del exterior en esta rama. En 1982, ante la insuficiencia de la producción nacional, se importaron 1.1 MMton de PPB.190/

No sólo las compras externas se elevaron ligeramente con relación al año anterior (3.2%), sino que representaban todavía 13.5% del consumo nacional aparente, proporción que hubiera sido incluso superior de no haberse presentado una escasez nacional de divisas como consecuencia de la crisis de la economía mexicana.

En 1982, gracias a las exportaciones de amoniaco y metanol, la balanza comercial de PPB de Pemex presentó, en volumen, un saldo positivo (172 000 ton); aunque en valor, el saldo alcanzó el mayor déficit de la historia de la IPB mexicana (12 000 millones de pesos, un aumento de 33% con respecto al año anterior).

A pesar de que, en el año considerado, los efectos de la contracción de la economía mexicana empezaron a manifestarse en la IPB, el sector secundario reiteró que uno de los principales cuellos de botella que enfrentaba era el insuficiente abastecimiento de materias primas. En efecto, la industria petroquímica secundaria se encontraba al final de un ciclo expansivo, iniciado en 1980, durante el cual se alcanzaron escalas de inversión y capacidad de producción sin precedente.191/ Frente a las devaluaciones del peso en 1982, algunas de las grandes empresas optaron por acelerar la terminación de importantes complejos y plantas petroquímicas.192/

La insuficiencia de la producción de Pemex para abastecer el mercado nacional se vio agravada por la suspensión de la mayor parte de las importaciones de PPB, de septiembre a noviembre de 1982, lo que repercutió en un estancamiento de la producción de los sectores secundarios.193/ La escasez de divisas no solamente restringió las compras externas de las materias primas, sino también las de equipos y materiales. Ante estas con-

190/ El 65.4% fue importado por Pemex y el resto directamente por la iniciativa privada.

191/ Véase Bucay, B., "La industria petroquímica secundaria, inversión y financiamiento", en IEPES (1982), op. cit.

192/ Este fue el caso del nuevo complejo de Celanese Mexicana cerca de La Cangrejera; de las nuevas unidades de PVC de Policyd (CYDSA) en Altamira, y de Primex en Tampico; así como de la planta de polibutadieno de Mepromex (DESC) en Altamira. Véase Soder, S., op. cit., p.2.

193/ Véase Expansión, op. cit., p.36. A pesar de reanudarse las importaciones en la primera quincena de diciembre de 1982, en mayo de 1983 aún no se lograba el pleno abastecimiento.

diciones se produjeron algunos fenómenos de "reacomodo" dentro de la industria petroquímica secundaria. Por una parte, ciertos insumos que se solían importar fueron sustituidos por productos nacionales parecidos, con el fin de mantener en operación la planta productiva. Por otra, la región fronteriza del norte del país se convirtió en un importante mercado para los productos petroquímicos, dada su mayor competitividad.194/

En contraste con los años anteriores, en que la empresa aseguraba que la solución al déficit de la producción nacional de PPB se encontraba en la construcción de una serie de complejos de gran envergadura, en 1982 la crisis económica y financiera por la que atravesaba tanto el país como Pemex195/ parece haber puesto en tela de juicio dicha estrategia de expansión de la IPB.

Oficialmente, el programa petroquímico a mediano plazo seguía dentro de la línea expansionista introducida al inicio del sexenio 1976-1982. Pemex reiteró que los proyectos en desarrollo permitirían triplicar la producción de PPB en 1988, con respecto a 1981. Los principales complejos que se construirían incluían: Morelos (14 plantas), orientado hacia la producción de derivados del etileno y el propileno, con una capacidad total de 2.2 MMton y que se concluiría a fines de 1986; Laguna del Ostión (24 plantas) que produciría, principalmente, etileno, polietileno, cloruro de vinilo y estireno, con una capacidad total de 5.4 MMton y que se terminaría a fines de 1988, y Altamira, cuya primera etapa (4 plantas) se concluiría a fines de 1985, con una capacidad de 93.5 Mton.196/

194/ La demanda de llantas mexicanas (derivadas del hule sintético), por ejemplo, se incrementó de 15-20% en esta región. Ibid., p.43.

195/ Mientras que en los años 1978-1981 el PIB creció a una tasa media del orden de 8.5% anual, en 1982 la tasa de crecimiento se volvió negativa (-0.2%). Pemex, por su parte, enfrentaba la mayor crisis financiera de los últimos decenios.

196/ Véase lo dicho por el gerente de petroquímica de Pemex en "La industria petroquímica: punta de lanza para la recuperación", en *Expansión*, vol. XV, núm.366, México, 25 de abril de 1983, p.34. En otra declaración del gerente de petroquímica en 1982, aparece que "para los siguientes ocho años el plan de desarrollo de productos petroquímicos básicos contempla la entrada en operación de 82 nuevas plantas... con lo cual se diversificará a 56 la oferta de productos y se alcanzará, en 1990, una producción global de 34 millones de toneladas. Es decir, se tiene proyectado un crecimiento promedio de 13% anual". Villagómez, Braulio, "Diagnóstico y perspectivas de la industria petroquímica básica", en IEPES (1982), *op. cit.*

Sin embargo, al mismo tiempo, la empresa manifestaba una actitud más cautelosa con respecto al objetivo de autosuficiencia en esta área: "Pensamos que la autosuficiencia total e indiscriminada en esta materia no es lo económicamente conveniente; buscamos, en cambio, la autosuficiencia selectiva en aquellos productos prioritarios, estratégicos o de máxima rentabilidad. Los faltantes podrán ser sujetos de maquila o de intercambio con el exterior, utilizando para ello los productos excedentes de la demanda doméstica".197/ De hecho, las dificultades financieras de la empresa limitaron las actividades en el área petroquímica en 1982, concentrando los recursos en las obras, con un grado avanzado de construcción y deteniendo otros proyectos considerados como menos prioritarios.

El sector privado, por su parte, manifestó que la industria petroquímica, tanto básica como secundaria, atravesaba por la crisis más grave de su historia. Más allá de los retrasos en la terminación de diversos complejos de Pemex, de las restricciones de importaciones de PPB, debido a la escasez de divisas, y de los crecientes problemas financieros, esta industria se enfrentaba a una crisis tecnológica y organizacional.198/ Ante la gravedad de esta situación, algunos representantes del sector petroquímico secundario plantearon la conveniencia de efectuar una revisión integral de las políticas económicas adoptadas por el Estado para desarrollar la industria petroquímica (medidas proteccionistas, estímulos a la exportación, incenti-

---

197/ Ibidem.

198/ "En la crisis tecnológica, la concepción de lo que se llamó el gigantismo ha llevado a la industria química a una región de fuertes deseconomías de escala. Los grandes complejos petroquímicos, con 15 o 20 plantas interdependientes, son tan difíciles de operar que se vuelven ineficientes; y también es de dudarse que existan los recursos financieros para poder seguir construyendo bajo esa concepción tecnológica que tuvimos en el pasado... El crecimiento de las organizaciones a los niveles a los que las hemos llevado, sectores privado y público, nos está quitando flexibilidad, no permitiendo la creatividad, y el resultado final es que estamos limitando la productividad del país... (Existe) la necesidad de que el sector público revise los planes que tiene en inversiones que solamente nos van a conducir a un aprovechamiento menor de las plantas que actualmente están operando". Planteamiento del presidente de la ANIQ, Lars Christianson, en el Foro nacional de la industria química. Unomásuno, México, 15 de octubre de 1983. Véase también, Martín A., "Crisis en la industria petroquímica nacional", en Unomásuno, 6 de enero de 1983.

vos a la inversión, política de precios, etc).199/ La evaluación de la estrategia seguida y su posible adaptación a las condiciones presentes del mercado interno y mundial de la petroquímica, permitiría —se esperaba— encontrar una solución a los problemas de fondo de la industria petroquímica secundaria: obsolescencia tecnológica, bajos niveles de aprovechamiento de la producción, elevados precios de venta y balanza comercial deficitaria.

En efecto, no obstante su dinamismo, esta industria era, en general, poco integrada verticalmente, en comparación con la tendencia observada a nivel mundial, y, en varios casos, producía con tecnologías obsoletas. Se estima que, en 1982, la planta petroquímica secundaria trabajaba sólo con 60-67% de su capacidad, debido, según el caso, a fallas en el diseño de las plantas, el limitado tamaño del mercado interno y la falta de competitividad de los productos nacionales en el mercado mundial, o la insuficiencia de materias primas (PPB). A pesar de haberse beneficiado de bajos costos de insumos primarios, los precios de venta de los productos de algunas ramas eran elevados en comparación con los prevalecientes en el mercado internacional.200/ Hasta cierto punto, esta situación era el resultado de la política industrial asumida durante varios decenios, y que ha llevado a establecer industrias sobreprotegidas frente al exterior y orientadas únicamente a satisfacer las necesidades del mercado interno. Destacan como excepciones a esta situación, algunas de las grandes empresas petroquímicas que han construido complejos de elevada capacidad con una clara orientación hacia la exportación.201/

En la coyuntura de 1982, algunos factores se vislumbraban como posibles obstáculos no sólo a la expansión de la industria petroquímica, sino también al desarrollo complementario de los dos sectores que la conforman; a saber:

199/ Estas preocupaciones surgieron, por ejemplo, en las llamadas reuniones populares para la planeación, organizadas por el Instituto de Estudios Políticos, Económicos y Sociales (IEPES) del PRI en 1982. Véase, en particular, Patrón Luján, A., "Políticas de fomento e incentivos para la producción y exportación en la industria petroquímica", en IEPES, Reunión popular para la planeación. Tema: energéticos y desarrollo nacional, op. cit.

200/ Véase IEPES, Industria petroquímica nacional, op. cit. y Expansión, vol. XV, núm.366, México, 25 de mayo de 1983, p.43.

201/ Celanese Mexicana, por ejemplo, ha invertido alrededor de 300 millones de dólares en un complejo de 7 plantas en la cercanía de La Cangrejera. Véase Chemical Week, 27 de mayo de 1981, p.30.

a) la falta de un sistema de planeación integral y realista de la industria petroquímica, con el cual se evitarían desfasamientos innecesarios y costosos entre los sectores básico y secundario, y se facilitaría la adopción de una posición más firme, de este último, en el mercado internacional;

b) el impacto de la devaluación del peso en la industria petroquímica y la carga de enormes deudas externas. Más de la mitad de la inversión realizada en los setenta en esta industria, tanto por el sector privado como por el sector público, se financió con dólares u otras divisas convertibles, normalmente en préstamos a largo plazo. Por otra parte, solamente entre 5 y 15 por ciento de la producción petroquímica, que dependía de la rama, se destinaba a la exportación, con lo que se observaba un fuerte déficit en la balanza de pagos de esta industria.202/ Estas circunstancias, junto con el alto costo financiero de las plantas petroquímicas y el encarecimiento y escasez de créditos, conformaban un panorama poco favorable para la expansión de la industria petroquímica mexicana y, finalmente,

c) la creciente competencia en los mercados externos, debido a la contracción de la economía a nivel mundial y la intensificación de las medidas proteccionistas en los países industrializados, así como a la aparición de complejos petroquímicos en diferentes países petroleros.

202/ Véase Giral, José, "Impacto del financiamiento en la rentabilidad de la industria petroquímica", en IEPES (1982), op. cit.

V. CONCLUSIONES Y PERSPECTIVAS

La industria petroquímica mexicana, prácticamente inexistente en los años cincuenta , se volvió una de las ramas más dinámicas y estratégicas de la economía desde el inicio de los setenta , con lo que contribuyó de manera importante a la integración industrial del país.

La participación directa del Estado en la petroquímica ha sido un factor fundamental en el desarrollo de esta rama y ha formado parte de una estrategia industrial estatal, que favoreció el acelerado proceso de industrialización experimentado a partir de los años cuarenta . El rescate de la autonomía económica y la defensa de la soberanía nacional fueron las razones iniciales de la inversión directa del Estado mexicano en la industria, tal como en el caso de la expropiación petrolera y la creación de Pemex, en 1938. Posteriormente, el dominio estatal se extendió a otras áreas, con el fin de promover una mayor integración industrial. Al reservarse el Estado, en forma exclusiva, la elaboración de productos petroquímicos básicos y fertilizantes, mediante la ampliación de las atribuciones de Pemex y la creación de FERTIMEX, respectivamente, se estableció una cadena de producción, de integración vertical, que garantizaba el dominio nacional y el control estatal de una parte importante de los recursos naturales no renovables y su transformación, así como el abastecimiento de productos imprescindibles para el resto de la economía.

Al hacerse cargo del sector primario de la petroquímica, el Estado soportó la mayor carga de la inversión en esta rama, sin llegar a beneficiarse de la alta rentabilidad que ofrecen las etapas posteriores de transformación de los PPB dejadas en manos de la iniciativa privada. Esta conducta fue motivada no sólo por razones de carácter nacionalista, sino también por el típico argumento a favor de la participación estatal en una economía mixta: el Estado desarrollará las actividades consideradas como de interés economicosocial fundamental y que, por distintas causas, podrían no ser emprendidas por la iniciativa privada nacional. En el caso de la IPB destacan como motivaciones de la acción estatal: la posibilidad de lograr, mediante dicha intervención, ciertos objetivos macroeconómicos, como el apoyo al sector agrícola y el desarrollo de regiones atrasadas; las dificultades y los costos asociados a la transferencia y adaptación de la tecnología particularmente compleja de la IPB y, en general, la magnitud de los recursos de inversión requeridos; y la existencia de economías de escala y ventajas tecnicoadministrativas a nivel no sólo de un complejo, sino del sector en su conjunto.

La estatización de la IPB, a la vez que creaba condiciones propicias para el desarrollo de las etapas posteriores de la petroquímica, también permitía imponer cierta orientación a estas últimas, en función de las necesidades más apremiantes de sustitución de importaciones. El control sobre la industria petroquímica secundaria se reforzaría con la restricción de la participación del capital extranjero a 40%, medida más estricta que en la mayoría de las otras ramas industriales "mexicanizadas", donde el límite a la inversión extranjera ascendía a 49% del capital social.

No obstante los medios de control establecidos, no se ha podido evitar que la acción del Estado en la industria petroquímica se subordinara, en cierta medida, a los requerimientos de los grandes grupos industriales, generalmente asociados a intereses extranjeros. En efecto, la industria química internacional es dominada por corporaciones transnacionales (CTN), que monopolizan el mercado de productos finales y que son las principales generadoras y propietarias de la tecnología. Para sostener sus altas tasas de expansión y acumulación de capital, esta industria requiere, de un modo imprescindible, de una rigurosa división del trabajo. Esta exigencia se manifiesta bajo la forma de una integración vertical con las industrias proveedoras de materias primas y productos intermedios. En México, la legislación petroquímica dificultó este modo de operación, que sólo se podía lograr por medio de la alianza entre estas corporaciones y el capital mexicano. Como para los intereses privados dispersos era muy difícil disponer de capital suficiente para asegurarse la participación mayoritaria en una empresa de coinversión con las CTN, los grandes grupos financieros e industriales nacionales fueron, principalmente, los que pudieron enfrentar esta situación. De esta manera, se vio promovido un tipo particular de inversión en el país: la de la fracción dominante de la iniciativa privada nacional en alianza con las CTN. Esto ha traído como consecuencia, entre otras, la alta concentración de la producción por firma y planta en el sector petroquímico secundario. Las grandes empresas que dominan este sector son también las que mejor aprovecharon las políticas adoptadas por el gobierno para favorecer el desarrollo industrial del país (medidas proteccionistas, políticas de bajos precios para los PPB e insumos energéticos, e importaciones subsidiadas de PPB), dado que la política de desarrollo regional ha condicionado las ventajas fiscales a la exportación de una parte de la producción de la empresa. Es preciso preguntarse entonces, en qué medida el tipo de empresas que predomina en la industria petroquímica secundaria requeriría de insumos básicos subsidiados para llevar a cabo su expansión.

Es cierto que una parte importante de la producción de PPB la constituye el amoniaco, insumo esencial para la elaboración de fertilizantes nitrogenados. El precio interno altamente subsidiado del amoniaco ha correspondido al claro objetivo de favorecer el desarrollo agrícola del país. Sin duda, parte del crecimiento económico del sector moderno de la agricultura y de la agroindustria en México fue resultado de la política de producción y distribución de fertilizantes a bajo precio. Pero los beneficios derivados del uso de fertilizantes, si no van asociados a programas efectivos de apoyo crediticio, técnico y de comercialización, nunca llegan a alcanzar a una gran masa de pequeños y medianos agricultores, principalmente en el sector de subsistencia. Todo ello parecería indicar, entonces, que entre los principales beneficiarios de la producción subsidiada de amoniaco/fertilizantes se encuentran nuevamente las CTN, así como los grupos agroexportadores.

En el periodo 1970-1982, ante la enorme presión de la demanda del sector secundario, en términos de volumen y diversidad de PPB, los esfuerzos de Pemex para lograr la autosuficiencia en esta área fueron continuos y crecientes. Los resultados alcanzados son espectaculares y quedan evidenciados en los siguientes datos (cuadro V.1):

- la capacidad instalada se incrementó de 2.4 MMton en 1970, a 14.9 MMton en 1982, mientras que el número de plantas pasó de 37 a 92;
- la producción total aumentó y se diversificó de 1.9 MMton y 26 productos, a 10.6 MMton y 40 productos en el mismo periodo (y de 1.5 a 7.7 MMton si se excluye el anhídrido carbónico venteado), lo que significó un ritmo medio de crecimiento anual de 15.2%, comparando con 6.8% para el sector industrial en su conjunto;
- la fuerza laboral de Pemex en el área petroquímica se amplió de 1 550 a 18 213 personas de 1970 a 1982.

El costo del fuerte y rápido desarrollo de la IPB ha sido muy elevado para el Estado/Pemex, principalmente en términos de inversiones en unidades productivas, plantas de almacenamiento y sistemas de transporte, pago de regalías por transferencia de tecnología, investigación científica y desarrollo tecnológico, y capacitación de personal altamente calificado. La magnitud de los recursos requeridos, la política de bajos precios de venta de la producción y, particularmente, los subsidios otorgados

CUADRO V.1

Perfil de la IPB en 1970 y 1982

	1970	1982	TMCA (%) 1/
1. Económicos Generales			
Participación en el PIB (%)	0.15	n.d.*(0.25, en 1980)	22.8
Nivel de empleo (personas)	1 550	18 213	
Acervos brutos de capital fijo (miles de millones de pesos)	2 607	n.d.*(26409, en 1980)	
2. Producción y mercado interno			
Número de plantas	37	92	
Número de complejos	11	17	
Capacidad instalada (Mton)	2 349	14 883	16.6
Producción total (Mton)	1 931	10 590	15.2
Producción excluyendo CO_2 venteado (Mton) 2/	1 458	7 732	14.9
Número de productos	26	40	
Aprovechamiento capacidad instalada (%) 3/	83	80	
Importaciones totales (Mton) 4/	276	1 072	
Consumo nacional aparente (Mton)	1 560	7 931	14.5
3. Comercio Exterior			
Importaciones Pemex (Mton)	91	701	
Importaciones Pemex (millones de pesos)	139	18 557	
Exportaciones Pemex (Mton)	66	873	
Exportaciones Pemex (millones de pesos)	47	6 501	
Balanza comercial Pemex (Mton)	(25)	172	
Balanza comercial Pemex (millones de pesos)	(92)	(12 057)	

1/ Tasa media de crecimiento anual.

2/ CO_2 = anhídrido carbónico.

3/ Relación entre la producción del año y el promedio de la capacidad instalada ese año y el anterior.

4/ Incluye a Pemex y particulares.

*n.d.: no disponible

Fuente: Diversos cuadros de los capítulos precedentes.

por Pemex en la comercialización de las importaciones de PPB han significado un déficit financiero creciente de la IPB.

La subsistencia de considerables volúmenes de importaciones durante todo el periodo considerado, que representaron entre 13 y 18 por ciento del consumo nacional aparente, reflejan, indudablemente, el dinamismo de las ramas secundarias, pero evidencian también las dificultades enfrentadas por Pemex en la ejecución de su estrategia de expansión.

En una primera etapa, de 1970 a 1974, los obstáculos encontrados fueron, esencialmente, de orden financiero. Aunque había conciencia de las ventajas económicas que ofrecían unidades productivas de gran dimensión, Pemex no disponía de los recursos financieros y la materia prima necesarios para aplicar los continuos avances tecnológicos que caracterizaban la petroquímica a nivel mundial. La escasa generación de fondos para inversión en Pemex, principalmente resultado de la política de bajos precios de venta de los productos de la empresa, sólo permitió establecer unidades de bajo volumen de producción, con procesos relativamente obsoletos y de altos costos unitarios.

En una segunda fase, iniciada en 1974, a raíz de los importantes hallazgos petroleros, y de mayores recursos de inversión, la empresa dispuso de los medios para acelerar la ampliación de la capacidad productiva de la IPB. El concepto de que la mejor utilización de los hidrocarburos, en exceso de la demanda interna, no consistía en exportarlos, sino en transformarlos en productos de elevado valor agregado, había tomado más fuerza. La decisión de expandir rápidamente la producción petroquímica se reforzó al iniciarse el sexenio 1976-1982 y se enmarcó dentro del Plan Nacional de Desarrollo Industrial, que consideraba esta industria como uno de los sectores prioritarios, por la oportunidad que ofrecía de aprovechar los recursos naturales no renovables del país, fortalecer la integración del aparato industrial, contribuir a la creación de polos regionales de desarrollo y generar empleo y divisas.

El Programa Petroquímico Sexenal 1977-1982 fijó metas de producción de una magnitud tal que, para 1982, se podrían satisfacer internamente los incrementos previsibles de la demanda, además de disponer de importantes excedentes exportables. El incumplimiento de los objetivos y metas establecidos habría obedecido tanto a ciertas limitaciones de aquél como a dificultades encontradas en su ejecución.

Las metas que se establecieron en el programa no se sustentaron en un análisis a profundidad de la rama y de su mercado, ni en una colaboración y coordinación estrecha con los demás organismos involucrados en su desarrollo. Así, por ejemplo, la producción de amoniaco, que representaba una parte importante del programa y que de hecho tuvo el crecimiento proyectado, no se ajustó al patrón de consumo interno previsto en él. Por un lado, surgieron desfases entre la expansión de la capacidad productiva de amoniaco por Pemex y la de urea por FERTIMEX, principal consumidor de este producto. Por otro, la producción de amoniaco no fue asociada a una estrategia que favoreciera el consumo de este producto como fertilizante por aplicación directa al suelo, de acuerdo con las necesidades en el campo. Asimismo, la rentabilidad económica de las exportaciones de amoniaco ha sido puesta en duda, dado su bajo precio en el mercado internacional y la posibilidad de exportar directamente el gas natural destinado a su producción excedente.

En lo que concierne a la producción de petroquímicos básicos destinados al sector privado, la integración entre los sectores básico y secundario se ha visto dificultada por los retrasos que experimentó principalmente Pemex, aunque también las empresas privadas, en la ejecución de los proyectos, con los consecuentes desfases entre la producción y el consumo de productos petroquímicos básicos.

Por otra parte, Pemex no había tomado en cuenta en forma suficiente clara las dificultades asociadas con el subdesarrollo industrial y tecnológico del país. En el establecimiento de las metas se sobreestimaron tanto la capacidad de ejecución de la empresa, como, en general, la capacidad de respuesta de la economía a los requerimientos del programa. Varios de los problemas que Pemex enfrentó no eran nuevos, ni restringidos al área petroquímica de la empresa; pero a éstos se sumaron aquellos relacionados, específicamente, con el proyecto de La Cangrejera, que representaba un verdadero reto a nivel de concepción y desarrollo industrial. Sin duda, este complejo constituyó el esfuerzo integral más ambicioso de Pemex en este campo y una experiencia industrial y tecnológica muy importante para el país. Teniendo en cuenta la complejidad de éste y la falta de recursos financieros en ciertos años, no resulta sorprendente que el proyecto haya requerido diez años desde su planeación hasta la puesta en marcha de las plantas, en lugar de los tres o cuatro años previstos. No obstante, como su objetivo inmediato era combatir el déficit interno de productos petroquímicos básicos, surge la pregunta de si los beneficios derivados de la ejecución y operación de este complejo compensa el retraso experimentado en la sustitución de importaciones de productos petroquímicos. En otras palabras, la selección de plantas de menor dimensión, establecidas en un tiempo relativamente corto, al traer beneficios económicos más inmediatos, podría haber pre sentado una opción menos costosa a la postre.203/ Esta observación adquiere mayor relevancia en la medida en que La Cangrejera ya no cumplirá su función de "modelo" que se le había asignado en el programa, ya que se suspendieron los otros complejos en proyecto, por falta de recursos. El hecho de que dificultades semejantes respecto a la "industrialización del petróleo" surgieran, en el mismo decenio de los setenta , en otros "nuevos" países petroleros, sugiere que las estrategias al respecto adoptaron patrones parecidos en varias partes del mundo, tal vez bajo el efecto-demostración, con respecto a los tamaños de plantas considerados válidos en Estados Unidos y otros países industrializados.

Finalmente, en México, el desarrollo de la industria petroquímica básica, en función de las características y disponibilidad de materias primas petroquímicas, ha llevado a recurrir, preferentemente, a los procesos que utilizan el gas natural y sus derivados. Esto permitió la producción de excedentes exportables de amoniaco y metanol, pero significó también una producción limitada de algunos productos que se derivan, de manera complementaria, de los procesos de transformación con base en naftas. Esta ha sido la causa de cierto estancamiento en la producción de derivados del propileno y butano-butileno, que se transformó en el curso de los años en un desequilibrio estructural entre la producción y el consumo nacional. Si bien algunos técnicos de Pemex promovieron la planeación de complejos que permitirían corregir este desequilibrio, no sería sino hasta el inicio del sexenio 1982-1988 que dichos complejos serían considerados prioritarios en el programa de actividades petroquímicas.

Bajo la nueva administración de Pemex, en diciembre de 1982, se revisaron los planes y programas petroquímicos existentes a la luz de la crisis financiera y los requerimientos de la demanda interna. La estrategia de desarrollo para el periodo 1984-1988 comprende tres fases.204/ En la primera se aprovecha

---

203/ La aparente necesidad de recurrir a una tecnología que permita más flexibilidad frente a recesiones recurrentes, ha sido experimentada por países industrializados, como Gran Bretaña, donde se observa una tendencia a establecer plantas petroquímicas de menor dimensión desde la segunda mitad de los setenta .

204/ Véase Villagómez Arias, Braulio, "Estrategia y desarrollo de la petroquímica básica en Pemex, 1984-1988"; ponencia presentada en la XXIV Convención Nacional del Instituto Mexicano de Ingenieros Químicos, Monterrey, Pemex (mimeo), 1984 y *Panorama de la producción petroquímica en México y la importancia del complejo petroquímico en México y la importancia del complejo petroquímico "Morelos"*, México, Pemex (mimeo), 1984.

rían al máximo las instalaciones e infraestructura existentes, se aumentaría la productividad mediante la optimización de la planta productiva y la eliminación de cuellos de botella, se efectuarían las mínimas inversiones posibles, sin que peligrara la satisfacción de la demanda interna, y se concluirían las obras con un avance superior a 70 por ciento

La segunda incluye la continuación de las obras cuyo avance sea inferior a 70%, pero que son consideradas prioritarias por sustituir importaciones y generar divisas. Finalmente, la última concierne al estudio y reordenación de las obras con un grado de avance inferior a 30%, así como de los proyectos en fase de planeación. En este contexto, se realizaron estudios para relocalizar algunas de las plantas de los complejos de Laguna del Ostión y Dos Bocas (cuya construcción tuvo que detenerse por razones financieras) en otros complejos en operación, aprovechando la infraestructura e integración existentes. Asimismo, se concibió una nueva unidad, denominada refinería-petroquímica, en la que se agruparían algunos de los proyectos petroquímicos y de refinación antes propuestos.

Por otra parte, la empresa evaluó nuevamente la posibilidad de que México se convirtiera en exportador neto de productos petroquímicos básicos, concepción que había prevalecido en el discurso político de los años 1977-1980. La posición adoptada en 1984, de canalizar hacia la exportación únicamente los excedentes de producción, sin que en ningún momento las exportaciones se volvieran motivo de construcción de plantas *ex profeso*, se debió no sólo a la limitación de recursos financieros, sino también a la baja rentabilidad económica de las exportaciones de productos petroquímicos básicos. La sobrecapacidad mundial de producción de éstos y el alto nivel de competencia internacional, aunado al hecho de que la industria petroquímica básica requiere de elevadas inversiones por unidad de producto, agrega relativamente poco valor al gas y al petróleo en comparación con el sector secundario, y absorbe poca mano de obra, llevaron a Pemex a reiterar el primer objetivo de este sector como propulsor del desarrollo de la petroquímica secundaria y de la cadena productiva que de éste se deriva. Se favorecería, así, la exportación de productos derivados de los PPB.

Pemex prevé que el desarrollo de su programa llevará a satisfacer, con producción nacional, 92% de la demanda interna en 1988, comparado con 86.5% de 1982. El incremento de la capacidad productiva a 18.8 MMton anuales permitiría el aumento de la producción a una tasa media anual de 8.5%, en tanto que el ritmo de crecimiento de la demanda interna se estimó en 9.2% anual. Las exportaciones disminuirían su participación en la producción de 9% en 1984, a 3% en 1988.

La factibilidad del nuevo programa dependerá, en gran parte de la evolución de la capacidad financiera de la empresa. Si bien las metas fijadas son sensiblemente más modestas que las del programa sexenal anterior (1977-1982), su cumplimiento implica la entrada en operación de 40 nuevas plantas de 1984 a 1988. El desenvolvimiento de la IPB en el primer año de este periodo pone en entredicho el ritmo de desarrollo propuesto. En efecto, en 1984 la producción bruta decreció en 2.9%, debido a la realización de trabajos de mantenimiento diferidos durante los años anteriores. En este mismo año, la balanza comercial petroquímica registró un saldo negativo de 313 millones de dólares, lo cual representa un incremento de 47% con relación a 1983, el cual se debió, principalmente, al aumento de las importaciones.205/

Por otra parte, es probable que Pemex experimente una notable reducción de sus ingresos por exportaciones de crudo debido a la tendencia a la baja del precio de este producto en el mercado internacional. Esto tendría consecuencias directas para el programa de inversiones en la IPB, dada la imposibilidad para esta área de autofinanciar su desarrollo. En este sentido, la política de precios internos de los PPB será decisiva para el saneamiento de la situación financiera de la IPB. En 1983-1984, la pérdida de valor del peso frente al dólar requirió de considerables ajustes en los precios, con el fin de acercarlos a los niveles prevalecientes en el mercado internacional y reducir así, en forma progresiva, la carga financiera que significan para Pemex las importaciones de PPB.

205/ El volumen de exportaciones se redujo en forma sustancial en 1984 en virtud de la disminución de los excedentes de amoniaco. Sin embargo, las ventas petroquímicas externas crecieron ligeramente en valor, debido a la exportación de algunos productos de mayor valor unitario que el amoniaco. Véase Pemex, Memoria de labores, 1984, México, Pemex, 1985.

ANEXO 1
Cuadros estadísticos, gráficas y mapas

INDICE

Cuadros

Gráfica

Mapas

CUADRO 1

Origen y destino de los productos petroquímicos básicos

Derivados de	Productos y subproductos básicos[1/]	Materias primas para	Mercados
Gas natural seco	Amoniaco	-fertilizantes, caprolactama, acrilonitrilo, ácido nítrico, alquilaminas, alcanolaminas, sales de amonio, alquilenaminas, hexametilente, tramina	-agricultura, elastómeros, fibras sintéticas, explosivos, colorantes, pesticidas, productos farmacéuticos
	Metanol	-formaldehído, tereftalato de dimetilo, metilaminas, metacrilato de metilo, paratión metílico	-plastificantes, fibras sintéticas, resinas, adhesivos, pesticidas, tintas, perfumes, polvos para moldeo, solventes, pinturas, explosivos, elastómeros
	Anhídrido carbónico	-urea	-agricultura, refrigerantes, bebidas embotelladas, aerosoles, extintores de incendio
Etileno	Acetaldehído	-ácido acético, 2-etilhexanol, acetato de vinilo, n-butanol cloral, acetato de etilo	-fibras sintéticas, pinturas, adhesivos, solventes, perfumes, pesticidas, medicamentos, plastificantes, humectantes, pisos, discos

CUADRO 1 (continúa)

Origen y destino de los productos petroquímicos básicos

Derivados de	Productos y subproductos básicos[1/]	Materias primas para	Mercados
	Cloruro de vinilo	-policloruro de vinilo (PVC), copolímero	-plásticos, adhesivos, pisos, tubería, perfiles, discos, calzado, juguetes, película
	Acido clorhídrico[2/]		
	Acido muriático[3/]		
	Dicloroetano	-cloruro de vinilo	
	Etilbenceno[4/]	-estireno	-plásticos de poliestireno, hules sintéticos
	Oxido de etileno	-glicoles etilénicos, agentes tensoactivos no iónicos, etanolaminas, cloruro de colina, éteres de glicoles etilénicos	-fibras sintéticas, anticongelantes, colorantes, plastificantes
	Percloroetileno		-aerosoles, resinas sintéticas, refrigerantes, solventes
	Polietileno AD y polietileno BD	-artículos moldeados por soplado, por inyección y por extrusión, artículos de plástico	-películas, empaques, monofilamentos, tubería, tinacos

Propileno	Acrilonitrilo	-poliacrilonitrilo, resinas ABS, hule nitrilo, acrilatos	-fibras sintéticas, plásticos, floculantes, adhesivos, plastificantes, elastómeros, partes automotrices, teléfonos, saborizantes
	Acetonitrilo[5/]		
	Acido cianhídrico	-metionina, acetona cianhídrica, metacrilato de metilo	
	Dodecilbenceno	-sal de sodio	-detergentes, agentes tensoactivos
	Alquilarilo pesado[6/]		
	Isopropanol	-acetona, acetato de isopropilo, solvente	-solventes, agentes de flotación, reactivos químicos
	Oxido de propileno	-polioles y glicoles propilénicos, agentes tensoactivos	-poliuretanos
	Polipropileno	-artículos moldeados por inyección, fibras	-plásticos, fibras, película, telas filtrantes, bolsas
	Tetrámero	-dodecilbenceno, aditivos para lubricantes	-detergentes, agentes tensoactivos
Butanos-butilenos	Butadieno	-hule y látex de estireno-butadieno, hule polibutadieno, resinas ABS, hule nitrilo	-elastómeros

CUADRO 1 (continúa)

Derivados de	Productos y subproductos básicos[1/]	Materias primas para	Mercados
Gasolinas (naftas)	Aromáticos:		
	Benceno	-dodecilbenceno, etilbenceno, ciclohexano, cumeno, anhídrido maleico, nitrobenceno, diclorobencenos, BHC, DDT, pentaclorobenceno	-resinas sintéticas, elastómeros, colorantes, insecticidas, fibras sintéticas, solventes
	Tolueno	-benceno, ácido benzoico, diisocianato de toluileno, mezcla de xilenos	-alimentos, colorantes, perfumes, medicamentos, plastificantes, solventes, resinas sintéticas, elastómeros, explosivos, pesticidas
	Mezcla de xilenos (orto, meta y paráxileno)	-(orto-xileno:) anhídrido ftálico; (para-xileno:) ácido tereftálico, tereftalato de dimetilo	-plastificantes, fibras y resinas sintéticas, pesticidas, adhesivos, tintes, pinturas, detergentes, solventes
	Cumeno	-fenol	-resinas, solventes, agentes tensoactivos, colorantes
	Cicloexano	-caprolactamo	-resinas sintéticas, nylon, solventes

Estireno	-poliestireno, resinas ABS, resinas poliéster, resinas intercambiadoras de iones	-resinas sintéticas, elastómeros, resinas intercambiadoras de iones, recubrimientos
Aromáticos pesados 7/		
Aromina 100 8/		
Heptano 9/		
Hexano 10/		

1/ Además de los productos que aparecen en este rubro, Pemex produce los siguientes petroquímicos básicos: azufre, especialidades petroquímicas (desemulsionantes, agentes supresores de humo, agentes depresores de la temperatura de congelación, agentes tensoactivos, otros), hidrógeno, materia prima para negro de humo, oxígeno, sulfato de amonio.

2/ y 3/ Se obtienen al producirse cloruros de vinilo.

4/ También deriva del benceno (aromáticos).

5/ Se obtiene al producirse acrilonitrilo.

6/ Se obtiene al producirse dodecilbenceno.

7/ Se obtiene al producirse aromáticos.

8/, 9/ y 10/ Se recuperan de ciertas fracciones en los complejos de aromáticos.

Fuente: Elaborado a partir de SPP et al., Industria petroquímica. Análisis y expectativas, México, SPP, 1981, e IMP, Desarrollo y perspectivas de la industria petroquímica mexicana, México, IMP, 1977.

CUADRO 2

Transformaciones en la industria petroquímica básica

Transformación física		Transformación química		
Insumos básicos	Productos	Insumos	Insumos intermedios	Productos básicos finales
Gas natural	Metano	Los productos de transformación física	Etileno	Metanol
Petróleo crudo	Etano		Etilbenceno	Amoniaco
	Propano-propileno		Dicloroetano	Acetaldehído
	Butanos-butilenos		Tetrámero	Oxido de etileno
	Benceno			Polietileno BD
	Tolueno			Polietileno AD
	O-xileno			Cloruro de vinilo
	Xilenos			Percloroetileno
				Acrilonitrilo
				Dodecilbenceno
				Isopropanol
				Polipropileno
				Oxido de propileno
				Butadieno
				Benceno
				Tolueno
				Ciclohexano
				Estireno
				Cumeno
				O-xileno
				P-xileno
				Otros

Fuente: SPP et al., Industria petroquímica. Análisis y perspectivas, México, SPP, 1981, p.24.

CUADRO 3

Producción y consumo nacional aparente de productos petroquímicos básicos, 1960-1970

(Mton)

Año	Producción bruta de Pemex	Importaciones[a/]	Exportaciones	Consumo nacional aparente[b/]
1960	56.1	129.0	-	185.6
1970	1 931.1	276.2	66.9	1 559.7

a/ Incluye las importaciones de Pemex y particulares.

b/ El consumo aparente está integrado por la producción bruta y las importaciones, menos el anhídrido carbónico no consumido (1970: 473 mil ton), las exportaciones y la variación de inventarios.

Fuente: Pemex, Memoria de labores, 1970 y 1971, México, Pemex, 1971 y 1972, e IMP, Desarrollo y perspectivas del sector secundario de la industria petroquímica, México, IMP, 1973.

CUADRO 4

Participación de las empresas extranjeras en el valor de la producción de la industria manufacturera, 1962-1970
(porcentajes)

Ramas manufactureras	1962	1970	TMCA 1962-1970
Total	19.6	27.6	7.1
Productos químicos	58.4	67.2	12.9
Construcción de maquinaria	44.9	62.0	15.7
Maquinaria eléctrica	58.3	79.3	14.9
Equipo de transporte	42.6	49.1	8.3
Hule	76.7	84.2	7.1
Productos minerales no metálicos	24.4	26.6	9.6
Metálicas básicas	17.7	25.2	10.0
Productos metálicos	20.6	37.0	10.0
Manufacturas diversas	17.6	29.0	9.4
Productos alimenticios	4.9	8.6	6.1
Bebidas	10.4	19.0	7.2
Tabaco	65.0	79.7	6.4
Papel	22.4	27.4	11.0

Fuente: Sepúlveda, Bernardo y Antonio Chumacero, La inversión extranjera en México, México, Fondo de Cultura Económica, 1977, p.56; citado en Cordera, Rolando y Carlos Tello, México, la disputa por la nación, México, Siglo XXI Editores, 1981, p.34.

CUADRO 5

Composición sectorial de la inversión extranjera directa, 1940-1974 (porcentajes)

	1940	1960	1970-1974
Total	100.0	100.0	100.0
Agricultura	1.9	1.8	1.2
Minería	23.9	15.6	5.0
Sector industrial	38.8	59.9	76.1
petróleo	0.3	2.0	0.3
manufacturas	7.1	55.7	75.5
construcción	-	0.8	0.2
electricidad	31.4	1.4	0.1
Comercio	3.5	18.1	14.9
Transportes	31.6	2.8	0.3
Otros	0.2	1.7	2.5

Fuente: Para 1940 y 1960, Sepúlveda, Bernardo y Antonio Chumacero, *op. cit.*; para 1970-1974, Banco de México, *Información Económica. Sector Externo*, México, BM, 17 de agosto de 1979, p.32; citados en Cordera, Rolando y Carlos Tello, *op. cit.*, p.35.

CUADRO 6

Plantas petroquímicas del sector básico y obras relacionadas en operación en 1970

Nombre del Proyecto	Localización	Productos	Cap. nominal (ton/año)	% utilización cap. en 1970	Inversión (millones de pesos)	Año de inicio de operaciones
Plantas de Proceso						
Azufre I	Poza Rica, Ver.	Azufre	46 200	95	42.0	1951
Azufre II	Azcapotzalco, DF.	Azufre	8 250	66	9.0	1959
Tetrámero I	Azcapotzalco, DF.	Tetrámero	24 000	69	18.0	1960
Dodecilbenceno	Azcapotzalco, DF.	Dodecilbenceno	23 000	113	28.0	1960
Amoniaco I	Cosoleacaque, Ver.			97	173.0	1962
		Amoniaco	60 000			
		Anhídrido Carbónico	66 000			
Amoniaco II	Salamanca, Gto.			70	160.0	1962
		Amoniaco	90 750			
		Anhídrido Carbónico	103 450			
Azufre III	Cd. Madero, Tamps.	Azufre	9 900	82	11.0	1962
Tetrámero II	Cd. Madero, Tamps.	Tetrámero	24 000	77	21.0	1962
Aromáticos I	Minatitlán, Ver.			95	223.0	1964

-fraccionamiento de solventes		Heptano	10 000			
		Hexano	20 000			
-reformadora BTX		Benceno	45 600			
-extractora Udex		Tolueno	100 000			
		Etilbenceno	8 200			
-superfraccionamiento xilenos		m-p-xileno	38 000			
		Ortoxileno	11 200			
		Aromáticos pesados	19 400			
Dodecilbenceno II	Cd. Madero, Tamps.	Dodecilbenceno	23 000	102	33.0	1965
Absorción	Reynosa, Tamps.	Etano	36 000	-	n.d.	1966
Etileno I	Reynosa, Tamps.	Etileno	27 000	108	168.0	1966
Polietileno BDI	Reynosa, Tamps.	Polietileno BD	21 600	119	171.0	1966
Absorción	La Venta, Tab.	Etano	44 000	-		1967
Amoniaco III (ampliación)	Salamanca, Gto.			-	24.0	1967
Etileno II	Pajaritos, Ver.	Etileno	27 000	105	231.0	1967
Derivados Clorados I:	Pajaritos, Ver.				150.0	1967
-cloruro de etilo		Cloruro de etilo	12 000	-		
-cloruro de vinilo		Cloruro de vinilo	19 500	96		
		Acido muriático	36 000	-		

CUADRO 6 (continúa)

Nombre del Proyecto	Localización	Producción	Cap. nominal (ton/año)	% utilización cap. en 1970	Inversión (millones de pesos)	Año de inicio de operaciones
-dicloroetano		Dicloroetano	38 000	-		
Estireno	Cd. Madero, Tamps.	Estireno	30 000	94	109.0	1967
Hydeal	Minatitlán, Ver.	Benceno	70 645	54	54.0	1967
Amoniaco III	Cd. Camargo, Chih.			74	240.0	1968
		Amoniaco	132 000			
		Anhídrido Carbónico	150 000			
Amoniaco IV	Cosoleacaque, Ver.			71	320.0	1968
		Amoniaco	330 000			
		Anhídrido Carbónico	376 000			
Acetaldehído I	Pajaritos, Ver.	Acetaldehído	44 000	38	82.0	1968
Alkar	Minatitlán, Ver.	Etilbenceno	8 000	62	30.0	1968
Ciclohexano	Minatitlán, Ver.	Ciclohexano	85 000	-	30.0	1968
Azufre IV	Salamanca, Gto.	Azufre	9 000	31	14.0	1968
Recuperadora de hidrógeno	Cosoleacaque, Ver.	Hidrógeno	3 720	-	n.d.	1969
Metanol I	Sn. Martín Tex.,Pue.	Metanol	21 500	91	110.0	1969

Plantas de Proceso						
Isopropanol	Salamanca, Gto.	Isopropanol	24 000	13	55.0	1969
Alkar	Cd. Madero, Tamps.	Etilbenceno	39 500	3	75.0	1970
Purificadora de etileno	Cd. Madero, Tamps.	Etileno	14 000	-	n.d.	1970
Subtotal			2 329 415		2 581.0	
Plantas de almacenamiento y distribución						
Planta de almacenamiento y distr. amoniaco	Minatitlán, Ver.				29.5	1967
Planta de almacenamiento y distr. amoniaco	Guaymas, Son.				33.0	1968
Planta de almacenamiento y distr. amoniaco	Salina Cruz, Oax.				40.0	1969
Planta de almacenamiento y distr. amoniaco	Rosarito, B.C.				36.0	1969
Desacarpadero submarino para amoniaco	Rosarito, B.C.				10.2	1969
Planta de almacenamiento y distr. amoniaco	Cd. Madero, Tamps.				36.0	1970

CUADRO 6 (continúa)

Nombre del Proyecto	Localización	Productos	Cap. nominal (ton/año)	% utilización cap. en 1970	Inversión (millones de pesos)	Año de inicio de operaciones
Terminal amoniaco y propano	Minatitlán, Ver.				65.0	1970
Subtotal					249.7	
Tuberías						
Modificación poliductos (transístmico y Cd. Pemex-México), y construcción amoniacoducto entre Planta de amoniaco y terminal.	Minatitlán, Ver.				12.6	1968
Amoniacoducto	Minatitlán-Salina Cruz				46.0	1969
Amoniacoducto	Cosoleacaque-Coatzacoalcos				2.5	1970
Etilenoducto	Tuxpan-Poza Rica				15.0	1970
Subtotal					76.1	

Equipo de Transporte				
B/T Vicente Guerrero, para aromáticos			38.0	1967
Barcaza para amoniaco petroquímico I			11.5	1967
B/T Mariano Escobedo para amoniaco			58.9	1967
B/T Emiliano Zapata para etileno			46.5	1970
Subtotal			154.9	
Otras obras				
Bodegas para polietileno	México, D.F.		4.5	1970
Instalación cinco bancos de capacitación.	Reynosa, Tamps.		1.0	1970
Subtotal			5.5	
Total		2 329 415	3 067.2	

Fuente: Pemex, Anuario estadístico, 1971, Pemex, México, p.43; IMP, Plan de desarrollo de la industria petrolera y petroquímica básica, 1976-1985, IMP, México, p.7/ 91-93.

CUADRO 7

Inversión anual de Pemex en petroquímica, 1970-1982

(millones de pesos-precios corrientes)

Año	Inversión en petroquímica*
1970	567
1971	491
1972	549
1973	949
1974	1 201
1975	1 825
1976	n.d.**
1977 } 1978 } 1979 }	38 999
1980	15 701
1981	28 905
1982	n.d.

* Incluye la inversión en plantas criogénicas, que están a cargo de la gerencia petroquímica de Pemex (véase el Cuadro 9 en el mismo anexo).

** n.d.: no disponible.

Fuente: Pemex, documentos internos; IMP, Plan Integral de desarrollo de la industria petrolera y petroquímica básica, 1976-1985, México, IMP, s.f.; SEPAFIN/ Comisión Petroquímica Mexicana, Petroquímica, México, SEPAFIN, varios años; y SPP, Escenarios económicos de México, México, SPP, 1981.

CUADRO 8

Capacidad típica de las plantas instaladas en los países desarrollados, 1955-1975

(Mton/año)

Producto/año	1955	1960	1965	1970	1975
Etileno	20	50	150	300	450
Amoniaco	50	85	150	350	350
Acetaldehído	10	20	30	100	135
Acrilonitrilo	10	15	30	60	180
Caprolactama	10	20	40	60	70
Fenol	10	25	45	70	90
Estireno	10	30	50	150	450
Cloruro de vinilo	30	50	100	150	270
Oxido de etileno	5	10	20	70	135
Polietileno baja densidad	10	30	50	100	100
Polietileno alta densidad	5	10	20	60	90

Fuente: IEPES, Industria petroquímica nacional, México, IEPES, 1982, p.46.

CUADRO 9

Plantas petroquímicas en operación 1970-1982

Localización	Planta	Producto	Capacidad nominal (ton/año)	Año de inicio de operaciones
Cd. Madero, Tamps.	Alkar	Etilbenceno	39 400	1970
	Purificadora de etileno	Etileno	14 000	1970
Cosoleacaque, Ver.	Acrilonitrilo	Acetonitrilo	230	1971
		Acrilonitrilo	24 000	1971
		Acido cianhídrico	3 750	1971
		Sulfato de amonio	9 400	1971
Poza Rica, Ver.	Polietileno, alta presión	Polietileno BD	51 000	1971
Cd. Madero, Tamps.	Azufre	Azufre	20 000	1972
La Venta, Tab.	Criogénica	Etano	144 000	1972
Pajaritos, Ver.	Criogénica	Etano	100 000	1972
	Etileno II	Etileno	182 000	1972
	Oxido de etileno	Oxido de etileno	28 000	1972
Salamanca, Gto.	Azufre	Azufre	28 000	1972
Cosoleacaque, Ver.	Isomerización de xilenos, y cristalización y paraxileno	Paraxileno	40 000	1973

Pajaritos, Ver.	Cloruro de vinilo	Cloruro de vinilo	70 000	1973
		Acido clorhídrico	45 111	1973
	Dicloroetano II	Dicloroetano	42 350	1973
Salamanca, Gto.	Azufre	Azufre	28 000	1973
San Martín, Texmelucan, Pue.	Especialidades petroquímicas	Desparafinantes	960	1973
		Desemulsionantes	2 040	1973
		Reductores de tensión superficial	120	1973
		Depresores de congelación	2 400	1973
		Aditivos para gasolina sin plomo	150	1973
		Supresores de humo	6 000	1973
		Inhibidores de corrosión	150	1973
Cactus, Chis.	Azufre I	Azufre	26 400	1974
Cosoleacaque, Ver.	Amoniaco III	Amoniaco	300 000	1974
		Anhídrido carbónico	376 000	1974
Pajaritos, Ver.	Dicloroetano, (oxicloración)	Dicloroetano	68 640	1974
Cactus, Chis.	Azufre II	Azufre	26 400	1975
Cd. Madero, Tamps.	Butadieno	Butadieno	55 000	1975
Cactus, Chis.	Azufre III	Azufre	52 800	1976
	Azufre IV	Azufre	52 800	1977
Cosoleacaque, Ver.	Amoniaco IV	Amoniaco	445 000	1977
		Anhídrido carbónico	560 000	1977

CUADRO 9 (continúa)

Localización	Planta	Producto	Capacidad nominal (ton/año)	Año de inicio de operaciones
Pajaritos, Ver.	Percloroetileno	Percloroetileno	8 000	1977
		Acido clorhídrico	7 128	1977
Poza Rica, Ver.	Criogénica	Etano	227 000	1977
Cactus, Chis.	Azufre V	Azufre	52 800	1978
	Azufre VI	Azufre	52 800	1978
	Azufre VII	Azufre	52 800	1978
	Azufre VIII	Azufre	52 800	1978
Cosoleacaque, Ver.	Amoniaco V	Amoniaco	445 000	1978
		Anhídrido carbónico	560 000	1978
Poza Rica, Ver.	Etileno	Etileno	182 000	1978
	Polietileno baja presión	Polietileno AD	100 000	1978
Salamanca, Gto.	Amoniaco II	Amoniaco	300 000	1978
		Anhídrido carbónico	376 000	1978
San Martín, Texmelucan, Pue.	Metanol II	Metanol	150 000	1978
Tula, Hgo.	Azufre	Azufre	56 100	1978

Cactus, Chis.	Azufre IX	Azufre	52 800	1979
	Azufre X	Azufre	52 800	1979
	Azufre XII	Azufre	52 800	1979
Tula, Hgo.	Acetonitrilo	Acetonitrilo	1 040	1979
	Acido cianhídrico	Acido cianhídrico	6 250	1979
	Acrilonitrilo	Acrilonitrilo	50 000	1979
La Cangrejera, Ver.	Acetaldehído	Acetaldehído	100 000	1980
Cactus, Chis.	Criogénicas	Etano	1 409 760	1980
La Cangrejera, Ver.	Oxígeno	Oxígeno	200 000	1980
		Nitrógeno	20 000	1980
Cactus, Chis.	Azufre XI	Azufre	52 800	1980
La Cangrejera, Ver.	Oxido de etileno	Oxido de etileno	100 000	1981
	Cumeno	Cumeno	40 000	1981
Cosoleacaque, Ver.	Amoniaco VI	Amoniaco	445 000	1981
		Anhídrido carbónico	560 000	1981
	Amoniaco VII	Amoniaco	445 000	1981
		Anhídrido carbónico	560 000	1981
Cd. Pemex, Tab.	Azufre	Azufre	118 800	1981
Matapionche, Ver.	Azufre	Azufre	9 900	1981
Totonaca, Tamps.	Azufre	Azufre	9 900	1981
La Cangrejera, Ver.	Hidrodesulfuradora de naftas	Naftas desulfuradas	43 000BCD	1982
	Reformadora BTX Fraccionadora de	Naftas reformadas	45 000BCD	1982

CUADRO 9 (continúa)

Localización	Planta	Producto	Capacidad nominal (ton/año)	Año de inicio de operaciones
	aromáticos (incluye fracc. de xilenos)	Benceno	275 000	1982
		Tolueno	365 000	1982
		Meta y paraxileno	360 000	1982
		Ortoxileno	55 000	1982
		Aromáticos pesados	50 000	1982
	Extractora de aromáticos	Benceno, Tolueno y mezcla de xilenos	17 500BCD	1982
	Cristalización de paraxileno	Paraxileno	240 000	1982
	Isomerización de xilenos	Paraxileno	43 000BCD	1982
	Fraccionamiento de solventes	Heptano	11 000	1982
		Hexano	35 000	1982
	Etileno	Etileno	500 000	1982
		Propileno	26 900	1982
Pajaritos, Ver.	Dicloroetano III	Dicloroetano	115 000	1982
	Dicloroetano (oxicloración)	Dicloroetano	215 000	1982
	Cloruro de vinilo III	Monómero de vinilo	200 000	1982
		Acido clorhídrico	120 000	1982

Total de capacidad acumulada en el periodo 1970-1982	12 321 279 ton/año y 148 500 B/D
Total de capacidad acumulada desde el inicio de la IPB hasta 1982	14 883 100 ton/año y 148 500 B/C

Fuente: Pemex, *Memoria de labores, 1982*, México, Pemex, 1983.

CUADRO 10

Volumen de producción de petroquímicos básicos por producto y composición porcentual, 1970-1982

Producto	1970		1976		1980		1982	
	ton	%	ton	%	ton	%	ton	%
Acetaldehído	16 569	0.9	46 565	1.2	47 562	0.7	149 055	1.4
Acido muriático	41 798	2.2	12 638	0.3	16 508	0.2	19 365	0.2
Alquilarilos pesados	6 390	0.3	6 077	0.2	6 781	0.1	6 452	0.1
Amoniaco	453 955	23.5	864 765	21.9	1883 176	26.0	2469 336	23.3
Anhídrido carbónico	630 676	32.7	1155 665	29.3	2407 274	33.3	3551 966	33.6
Aromáticos pesados	38 075	2.0	33 674	0.8	47 827	0.7	57 126	0.5
Azufre	60 301	3.1	96 003	2.4	402 388	5.6	424 925	4.0
Benceno	77 419	4.0	99 220	2.5	79 284	1.1	96 024	0.9
Ciclohexano	360	-	43 178	1.1	39 718	0.5	34 889	0.3
Cloruro de vinilo	18 767	1.0	60 159	1.5	62 470	0.9	79 384	0.7
Dicloroetano	35 816	1.8	104 350	2.6	106 271	1.5	201 130	1.9
Dodecilbenceno	49 456	2.6	63 134	1.6	55 438	0.8	61 811	0.6
Etano	105 925	5.5	352 275	8.9	632 215	8.8	1550 312	14.6
Etileno	59 749	3.1	227 885	5.8	365 530	5.1	395 806	3.7
Etilbenceno	14 962	0.8	33 660	0.8	29 268	0.4	22 971	0.2
Estireno	28 054	1.4	34 900	0.9	31 316	0.4	29 017	0.3
Heptano	5 155	0.3	5 120	0.1	6 975	0.1	6 015	0.1
Hexano	13 773	0.7	30 125	0.8	60 093	0.8	75 814	0.7
Isopropanol	3 008	0.1	3 605	0.1	12 555	0.2	10 895	0.1
Metaparaxileno	41 680	2.2	66 381	1.7	77 232	1.1	99 214	0.9
Metanol	19 458	1.0	32 225	0.8	173 561	2.4	191 321	1.8
Ortoxileno	13 832	0.7	19 210	0.5	16 088	0.2	15 792	0.1
Polietileno AD y BD	25 772	1.3	93 705	2.4	158 277	2.2	171 581	1.6
Propileno	46 337	2.4	113 635	2.9	136 913	1.9	157 636	1.5
Tetrámero	35 024	1.8	50 205	1.3	35 801	0.5	38 463	0.4
Tolueno	88 779	4.6	132 335	3.3	124 884	1.7	138 089	1.3
Acido cianhídrico	-	-	3 901	0.1	8 514	0.1	7 858	0.1
Acido clorhídrico	-	-	34 705	0.9	36 141	0.5	46 692	0.5
Acrilonitrilo	-	-	22 035	0.6	54 256	0.8	52 725	0.5
Arominas	-	-	4 187	0.1	7 919	0.1	16 496	0.2
Butadieno	-	-	18 640	0.5	17 047	0.2	14 613	0.1
Esp. petroquímicas	-	-	2 603	0.1	4 561	0.1	5 969	0.1
Oxido de etileno	-	-	25 450	0.6	29 672	0.4	79 012	0.7
Paraxileno	-	-	39 195	1.0	39 227	0.5	36 068	0.3
Sulfato de amonio	-	-	14 921	0.4	9 765	0.1	6 379	0.1
Acetonitrilo	-	-	-	-	1 487	-	1 875	-
Cumeno	-	-	-	-	-	-	20 438	0.2
Nitrógeno	-	-	-	-	-	-	39 009	0.4
Oxígeno	-	-	-	-	-	-	208 380	2.0
Total	1931 090	100.0	3946 329	100.0	7223 994	100.0	10589 903	100.0

Fuente: SPP, La industria petrolera en México; Pemex, Anuario estadístico 1977; México, Pemex, 1978; Pemex, México, SPP, 1980; Memoria de labores, 1981 y 1982, México, Pemex, 1982 y 1983.

CUADRO 11

Volumen y valor de la producción de petroquímicos básicos, 1970-1982

Año	Volumen Mton	Volumen variación anual (%)	Valor MM de pesos (precios corrientes)	Valor variación anual (%)
1970	1 931.1	-	1 540.4	-
1971	2 095.1	8.5	1 759.3	14.2
1972	2 320.4	10.8	2 080.5	18.2
1973	2 649.8	14.2	2 648.4	50.5
1974	2 977.8	12.4	4 606.7	73.9
1975	3 634.9	22.1	5 766.2	25.2
1976	3 946.3	8.6	6 818.2	18.2
1977	4 200.2	6.4	9 792.5	43.6
1978	5 788.0	37.8	11 501.0	17.5
1979	6 344.6	9.6	13 020.9	13.2
1980	7 224.0	13.9	17 457.6	34.1
1981	9 160.0	26.8	21 676.6	24.2
1982	10 589.9	15.6	nd.	nd.

Fuente: Pemex, Memoria de labores, 1970 a 1982, México, Pemex, 1971 a 1984.

CUADRO 12

Personal ocupado en la industria petroquímica básica, 1970-1982

Año	Personal total Pemex	Variación anual (%)	Personal IPB	Variación anual (%)	Participación IPB en total (%)
1970	71 878	-	1 550	-	2.2
1971	76 180	6.0	1 773	14.4	2.3
1972	75 932	(0.3)	1 907	7.6	2.5
1973	77 794	2.5	2 028	6.4	2.6
1974	81 142	4.3	2 973	46.6	3.7
1975	86 752	6.9	3 561	19.8	4.1
1976	99 005	14.1	7 431	108.7	7.5
1977	108 042	9.1	7 759	4.4	7.2
1978	117 447	8.7	8 552	10.2	7.3
1979	121 087	3.1	11 005	28.7	9.1
1980	134 181	10.8	12 054	9.5	9.0
1981	150 677	12.3	15 044	24.8	10.0
1982	157 747	4.7	18 213	21.1	11.6

Fuente: Documentos internos de Pemex.

CUADRO 13

Volumen de ventas internas de petroquímicos básicos y composición porcentual, 1970-1982

Producto	1970		1976		1980		1982	
	ton.	%	ton.	%	ton.	%	ton.	%
Acetaldehído	40 235	4.2	51 793	2.4	100 913	3.0	156 182	3.6
Alquilarilos	4 935	0.5	1 706	0.1	4 279	0.1	4 604	0.1
Amoniaco anhidro	450 962	46.5	792 031	37.1	966 783	28.6	1338 068	30.8
Anhídrido carbónico	157 267	16.2	345 606	16.2	412 539	12.2	693 862	15.9
Aromáticos pesados	6 145	0.6	-	-	-	-	-	-
Arominas	6 173	0.6	3 599	0.2	11 841	0.4	11 687	0.3
Asfaleno	381	-	-	-	-	-	-	-
Azufre	57 809	6.0	93 344	4.4	407 793	12.1	365 187	8.4
Benceno	1 449	0.2	9 706	0.4	12 628	0.4	12 785	0.3
Ciclohexano	644	0.1	48 177	2.2	52 844	1.6	50 539	1.2
Cloruro de vinilo	32 125	3.3	73 958	3.5	148 134	4.4	138 660	3.2
Cicloroetano	-	-	335	-	658	-	833	-
Dodecilbenceno	43 629	4.5	65 791	3.1	90 121	2.7	111 259	2.6
Estireno	28 947	3.0	62 345	2.9	101 207	3.0	117 568	2.7
Heptano	4 805	0.5	4 779	0.2	6 920	0.2	5 838	0.1
Hexano	13 878	1.4	29 065	1.4	46 137	1.4	54 229	1.2
Isopropanol	2 200	0.2	18 751	0.9	27 823	0.8	47 484	1.1
Metanol	17 798	1.8	67 470	3.2	97 849	2.9	128 960	3.0
Ortoxileno	12 904	1.3	21 716	1.0	30 740	0.9	26 945	0.6
Polietileno BC y AD	46 699	4.8	115 274	5.4	303 847	9.0	381 542	8.8
Tetrámero	656	0.1	1 627	1.0	3 210	0.1	4 343	0.1
Tolueno	33 691	3.5	57 899	2.7	81 323	2.4	86 498	2.0
Xilenos	6 500	0.7	21 425	1.0	25 971	0.8	18 214	0.4
Acido cianhídrico	-	-	1 077	0.1	1 534	-	1 490	-
Acido muriático	-	-	159	-	-	-	-	-
Acrilonitrilo	-	-	36 059	1.7	67 908	2.0	71 409	1.6
Butadieno	-	-	43 453	2.0	66 066	2.0	65 953	1.5
Oxido de etileno	-	-	40 807	1.9	70 519	2.1	77 562	1.8
Paraxileno	-	-	95 396	4.5	116 444	3.4	186 931	4.3
Percloroetileno	-	-	7 585	0.4	13 510	0.4	12 666	0.3
Sulfato de amonio	-	-	20 933	1.0	537	-	471	-
Carbón de coque	-	-	-	-	4 160	0.1	5 548	0.1
Mat. prima negro de humo	-	-	-	-	102 361	3.0	150 121	3.5
Cumeno	-	-	-	-	-	-	21 397	0.5
Total	969 832	100.0	2131 886	100.0	3376 599	100.0	4348 835	100.0

Fuente: Pemex, Anuario estadístico, 1977, México, Pemex, 1978; Pemex, Memoria de labores, 1981 y 1982, México, Pemex, 1982 y 1983.

CUADRO 14

Valor de ventas interiores de petroquímicos básicos y composición porcentual, 1970-1982

(millones de pesos a precios corrientes)

Producto	1970		1976		1980		1982	
	MM $	%	MM $	%	MM $	%	MM $	%
Acetaldehído	94	7.6	271	4.8	889	5.1	2163	6.2
Alquilarilos	4	0.3	5	0.1	16	0.1	48	0.1
Amoniaco anhidro	355	28.9	497	8.7	1538	8.8	2779	7.9
Anhídrido carbónico	9	0.7	29	0.5	40	0.2	119	0.3
Aromáticos pesados	6	0.5	-	-	-	-	-	-
Arominas	6	0.5	15	0.3	77	0.4	129	0.4
Asfaleno	-	-	-	-	-	-	-	-
Azufre	18	1.5	39	0.7	174	1.0	329	0.9
Benceno	1	0.1	32	0.6	99	0.6	176	0.5
Ciclohexano	1	0.1	244	4.3	434	2.5	732	2.1
Cloruro de vinilo	88	7.2	393	6.9	1434	8.2	1715	4.9
Dicloroetano	-	-	1	-	nda/	-	5	-
Dodecilbenceno	163	13.3	372	6.5	617	3.5	1482	4.2
Estireno	85	6.9	461	8.1	1516	8.7	2639	7.6
Heptano	5	0.4	11	0.2	22	0.1	40	0.1
Hexano	14	1.1	71	1.2	154	0.9	380	1.1
Isopropanol	5	0.4	79	1.4	284	1.6	858	2.5
Metanol	27	2.2	203	3.6	379	2.2	758	2.2
Ortoxileno	18	1.5	81	1.4	234	1.3	340	1.0
Polietileno BD y AD	287	23.3	1156	20.3	2935	16.8	10278	29.4
Tetrámero	1	0.1	2	-	nda/	-	19	0.1
Tolueno	35	2.8	143	2.5	542	3.1	952	2.7
Xilenos	7	0.6	65	1.1	191	1.1	203	0.6
Acido cianhídrico	-	-	4	0.1	nda/	-	13	-
Acido muriático	-	-	1	-	-	-	-	-
Acrilonitrilo	-	-	276	4.9	1030	5.9	1593	4.6
Butadieno	-	-	255	4.5	757	4.3	1583	4.5
Oxido de etileno	-	-	269	4.7	1103	6.3	1494	4.3
Paraxileno	-	-	678	11.9	1448	8.3	3304	9.5
Percloroetileno	-	-	42	0.7	148	0.8	185	0.5
Mat. prima negro de humo	-	-	-	-	66	0.4	138	0.4
Polietileno AD	-	-	-	-	1345	7.7	-	-
Cumeno	-	-	-	-	-	-	491	1.4
Otros	-	-	1	-	19	0.1	-	-
Total	1229	100.0	5696	100.0	17491	100.0	34945	100.0

a/ incluido en "otros"

Fuente: Pemex, Anuario estadístico, 1977, México, Pemex, 1978; Pemex, Memoria de labores, 1981 y 1982, México, Pemex, 1982 y 1983.

CUADRO 15

Estado de resultados de la industria petroquímica básica, 1975-1979

(millones de pesos)

	1975	1976	1977	1978	1979
Ventas	4 225.5	5 793.0	9 244.9	11 476.4	13 416.7
Costo de ventas	4 507.6	6 627.2	8 465.8	12 371.0	20 436.5
Utilidad bruta	(282.1)	(834.2)	779.1	(894.6)	(7 019.8)
Gastos de distribución y ventas	528.4	656.9	1 311.3	1 788.4	2 341.7
Costo financiero	75.5	185.2	370.1	542.5	1 108.5
Utilidad de operación	(886.0)	(1 676.3)	(902.3)	(3 225.5)	(10 470.0)
Otros ingresos (gastos)	55.9	68.7	(706.7)	(307.0)	148.0
Utilidad antes impuesto	(830.1)	(1 607.6)	(1 609.0)	(3 532.5)	(10 322.0)
Impuesto al ingreso bruto	509.7	705.3	1 098.7	1 380.9	1 691.3
Utilidad del ejercicio	(1 339.8)	(2 312.9)	(2 707.7)	(4 913.4)	(12 013.3)

Fuente: Pemex, documentos internos.

CUADRO 16

Estimación de ventas, costos y gastos de la industria petroquímica básica, 1980

	MM de pesos
I Ventas y otros ingresos	19 046
Ventas internas de la producción	8 213
Reventa de importación	7 860
Ventas de exportación	2 973
II Costos y gastos	29 611
Operación de plantas	7 367
Distribución, ventas y comercio exterior:	
gastos de distribución y ventas	2 200
importación de productos para reventa	13 072
importación de materias primas y gastos de exportación e importación	946
Transferencia de otros sectores:	
de procesamiento de crudo	895
de procesamiento de gas:	
gas combustible y materia prima	4 235
etano (materia prima)	754
gasolina (materia prima)	142
III Diferencia (I-II)	10 565

Fuente: IMP, Estimación de los ingresos por ventas de hidrocarburos, y costos y gastos de Pemex durante 1980, documento interno.

CUADRO 17

Costos de operación de la industria petroquímica básica, 1970-1982

Año	Costo de producción (MM $)
1970	870.0
1971	991.9
1972	1 060.8
1973	1 370.1
1974	1 638.6
1975	2 188.4
1976	3 287.5
1977	3 779.5
1978	4 836.1
1979	6 496.0
1980	9 161.0
1981	14 160.0
1982	nd*

*nd: no disponible

Fuente: SPP/Pemex, *La industria petrolera en México*, México, SPP, 1980, y Pemex, documentos internos.

CUADRO 18

Evolución de los precios de los productos petroquímicos básicos, 1970-1982

(precios promedio del año, pesos/ton)

Producto	1970	1974	1977	1980	1982	TMCA%
Acetaldehído	2 336.3	4 081.0	6 860.2	8 809.6	13 849.2	16.0
Alquilarilos	810.5	1 716.7	3 367.0	3 739.2	10 425.7	23.7
Amoniaco anhidro	787.2	565.6	1 560.0	1 590.8	2 076.9	8.4
Anhídrido carbónico	57.2	71.7	105.6	97.0	171.5	9.6
Arominas	972.0	3 773.6	5 786.5	6 502.8	11 037.9	22.4
Azufre	311.4	317.9	499.3	426.7	900.9	9.3
Benceno	690.1	2 661.9	5 079.3	7 839.7	13 766.1	28.3
Ciclohexano	1 552.8	4 561.0	6 969.3	8 212.9	14 483.9	20.5
Cloruro de vinilo	2 739.3	4 311.7	7 251.4	9 680.4	12 368.4	13.4
Dodecilbenceno	3 736.0	5 137.4	6 914.8	6 846.4	13 320.3	11.2
Estireno	2 936.4	5 969.0	10 443.7	14 979.2	22 446.6	15.6
Heptano	1 040.6	2 032.2	3 121.7	3 179.2	6 851.7	17.0
Hexano	1 008.8	2 203.5	3 197.2	3 337.9	7 007.3	17.5
Isopropanol	2 272.7	3 291.1	6 355.2	10 207.4	18 069.2	18.9
Metanol	1 517.0	2 741.9	3 769.3	3 873.3	5 877.8	11.9
Ortoxileno	1 394.9	2 934.2	5 222.2	7 612.2	12 618.3	20.1
Polietileno B.D.	6 145.7	8 415.2	12 163.1	14 078.4	27 058.5	13.1
Tolueno	1 038.9	2 151.7	3 459.7	6 664.8	11 006.0	21.7
Xilenos	1 076.9	3 529.2	5 077.4	7 354.4	11 145.3	21.5
Acrilonitrilo	-	6 151.6	14 065.3	15 167.6	22 308.1	17.5
Butadieno	-	-	8 344.2	11 458.2	24 001.9	23.5
Oxido de etileno	-	4 868.5	13 023.7	15 641.2	19 262.0	18.8
Paraxileno	-	-	9 828.7	12 435.2	17 675.0	12.5
Percloroetileno	-	-	6 568.8	10 954.8	14 606.0	17.3
Polietileno A.D.	-	-	-	16 915.8	26 672.2	25.6
Cumeno	-	-	-	-	22 947.1	-

Fuente: Cuadros 13 y 14; Pemex, Anuario estadístico, México, Pemex, varios años, y Pemex, Memoria de labores 1981 y 1982, México, Pemex, 1982 y 1983.

CUADRO 19

Consumo nacional aparente y ventas internas de productos petroquímicos básicos, 1970-1982

(Mton)

Año	Consumo nacional aparente Volumen (1)	Consumo nacional aparente Variación anual (%)	Ventas internas Volumen (2)	Ventas internas Variación anual (%)	Relación (2) / (1) %
1970	1 559.7	---	969.8	---	62.2
1971	1 736.0	11.3	1 025.7	5.8	59.1
1972	2 195.9	26.5	1 319.1	28.6	60.1
1973	2 562.5	16.7	1 331.7	1.0	52.0
1974	2 816.8	9.9	1 463.4	9.9	52.0
1975	3 073.6	9.1	1 769.6	20.9	57.6
1976	3 490.0	13.5	2 131.9	29.5	61.1
1977	3 763.3	7.8	2 348.3	10.1	62.4
1978	3 909.4	3.9	2 430.8	3.5	62.2
1979	4 377.5	12.0	2 805.4	15.4	64.1
1980	5 440.4	24.3	3 376.6	20.4	62.1
1981	7 003.3	28.7	4 049.5	19.9	57.8
1982	7 930.5	13.2	4 348.8	7.4	54.8

Fuente: Cuadro III.8, p. 80, y Pemex, Memoria de labores, México, Pemex, varios años.

CUADRO 20

Plantas del complejo petroquímico La Cangrejera

Planta	Producto	Capacidad nominal (ton/año)	Año de inicio de operaciones
Acetaldehído	Acetaldehído	100 000	1980
Estabilizadora de crudo	Gasolina amarga	35 500 BD*	1983
Oxígeno	Oxígeno Nitrógeno	200 000 40 000	1980 1980
Oxido de etileno	Oxido de etileno	100 000	1981
Cumeno	Cumeno	40 000	1981
Hidrodesulfuradora de naftas	Naftas desulfuradas	86 000 BD	1982/1983
Fraccionadora de hidrocarburos	Etano	778 000	1981
Reformadora BTX	Naftas reformadas	45 000 BD	1982
Fraccionadora de aromáticos (incluye Fracc. de xilenos)	Benceno Tolueno Meta y paraxileno Ortoxileno Aromáticos pesados	275 000 365 000 360 000 55 000 22 000	1982
Extractora de aromáticos	Benceno, tolueno y mezcla de xilenos	17 500 BD	1982
Cristalización de paraxileno	Paraxileno	240 000	1982
Isomerización de xilenos	Mezcla de xilenos	43 000 BD	1982
Xilenos plus	Benceno y mezcla de xilenos	13 000 BD	1983
Hidrodealquiladora de tolueno	Benceno	2 910 BD	1984
Purificadora de hidrógeno	Hidrógeno	24.6 MMPCD**	1983
Recuperadora de licuables	Propano y más pesados	10 000 BD	1983
Etilbenceno	Etilbenceno	187 500	1984
Estireno	Estireno	150 000	1984
Polietileno alta presión	Polietileno baja densidad	80 000	1984
Fraccionamiento de solventes	Aromina 100 Heptano Hexano	90 000 11 000 35 000	1982 1982 1982
Etileno	Etileno Propileno	500 000 26 900	1982 1982
Ciclohexano	Ciclohexano	120 000	en ingeniería

* Barriles por día.
** Millones de pies cúbicos por día.

Fuente: Pemex, *Memoria de labores, 1984*, México, Pemex, 1985.

CUADRO 21

Inventarios de productos petroquímicos básicos, 1970-1982

Año	Ton	Variación anual (%)	MM de pesos	Variación anual (%)
1970	108 200	—	140.1	—
1971	120 800	11.6	161.0	14.9
1972	132 700	9.9	184.1	14.3
1973	107 600	(18.9)	151.8	(17.5)
1974	185 500	72.4	287.7	89.5
1975	157 100	(15.3)	389.3	35.3
1976	127 000	(19.2)	340.6	(12.5)
1977	185 100	45.7	731.3	214.7
1978	190 600	3.0	718.2	(1.8)
1979	243 100	27.8	1 139.7	58.7
1980	300	(99.9)	914.0	(19.8)
1981	300	—	1 549.0	69.5
1982	nd*			

* nd: no disponible.

Fuente: Pemex, documentos internos.

CUADRO 22

Comercio exterior de productos petroquímicos básicos, 1970-1982

(millones de dólares)

Año	Exportaciones (1)	Variación anual (%)	Importaciones (2)	Variación anual (%)	Saldo (1)-(2)
1970	3.7	—	11.1	—	(7.4)
1971	3.8	2.0	13.0	17.1	(9.2)
1972	2.7	(28.9)	18.8	44.6	(16.1)
1973	4.9	81.4	24.0	27.6	(19.1)
1974	9.5	93.8	70.4	193.3	(60.9)
1975	4.3	(54.8)	57.0	(19.1)	(52.7)
1976	0.3	(99.4)	103.8	80.7	(103.5)
1977	3.2	966.6	156.4	50.6	(153.2)
1978	67.5	2 009.3	163.5	4.5	(96.0)
1979	107.7	59.5	331.6	102.8	(223.9)
1980	120.5	11.8	522.8	57.6	(402.3)
1981	153.6	27.4	523.4	0.1	(369.8)
1982	140.4	(8.6)	400.8	(23.5)	(260.4)

Fuente: SPP, La industria petrolera en México, México, SPP, 1980;
Pemex, Memoria de labores, 1970-1982, México, SPP, 1980.

CUADRO 23

Volumen de las importaciones de Pemex de petroquímicos por producto, 1970-1982

(ton)

Productos	1970	1971	1972	1973	1974	1975	1976	1977	1978	1979	1980	1981	1982
Total importaciones	90 794	104 961	166 299	124 925	157 623	179 166	316 647	460 431	485 442	505 904	762 123	789 833	701 080
Acetaldehído	20 743	26 241	23 116	14 485	10 038	9 154	4 113	13 906	16 695	10 225	58 159	5 891	12 896
Acrilonitrilo	----	----	----	3 368	4 855	10 612	15 742	25 570	33 604	42 955	8 556	19 688	16 838
Benceno	----	----	10 664	1 398	----	----	6 999	21 482	13 766	19 900	14 470	21 005	12 249
Butadieno	----	----	----	----	----	3 306	27 459	18 574	39 651	34 364	54 820	54 976	49 554
Butano/butileno	----	----	----	----	----	6 979	5 397	5 903	----	----	----	----	----
Ciclohexano	----	----	351	2 109	----	4 125	3 266	9 864	11 897	20 321	10 136	7 898	12 989
Cloruro de Vinilo	15 327	23 633	39 145	30 082	6 100	10 080	18 760	18 945	56 887	62 835	88 779	84 331	70 679
Dicloroetano	----	----	----	----	----	1 143	12 867	13 730	14 738	8 969	14 284	1 655	----
Dodecilbenceno	331	----	----	6 703	4 103	2 922	4 868	26 530	15 305	31 507	41 324	32 819	47 356
Estireno	1 396	5 000	10 662	16 510	20 335	28 543	26 324	35 882	36 455	72 732	76 728	87 799	60 882
Etilbenceno	21 572	14 134	16 924	14 667	8 674	6 014	12 182	14 939	10 258	13 393	10 066	10 761	15 882
Etileno	----	14 322	45 756	----	22 808	----	----	----	----	----	----	15 091	31 430
Hexano	----	----	----	----	----	----	----	----	2 753	----	----	----	----
Isopropanol	----	----	5 058	5 472	3 194	5 787	14 272	13 775	21 464	21 675	18 036	15 145	31 130
Metanol	----	----	----	----	----	5 935	38 574	36 367	15 651	----	----	----	----
Ortoxileno	2 228	----	----	5 126	2 502	----	3 565	6 636	11 687	9 580	13 290	12 145	9 831
Oxido de Etileno	----	----	----	4 102	6 054	19 481	16 846	29 395	35 315	25 289	34 421	31 091	----
Paraxileno	----	----	----	2 940	15 254	13 009	44 909	59 439	42 856	82 251	94 479	147 997	130 559
Percloroetileno	----	----	----	----	----	5 261	8 134	10 538	12 932	15 059	5 484	16 795	11 279
Polietileno a/	19 233	13 944	8 036	1 278	21 439	3 052	13 649	43 718	38 798	41 748	130 065	136 057	122 848
Propileno	----	----	----	----	----	----	2 000	2 508	564	217	20 033	24 282	22 138
Solventes aromáticos	----	----	----	----	----	3 436	3 977	5 775	5 306	3 500	----	----	----
Tetrámero de propileno	9 964	7 687	6 587	8 150	14 697	22 511	7 327	22 922	18 536	15 562	14 500	23 081	15 192
Tolueno	----	----	----	8 535	17 570	12 213	9 106	13 499	24 208	40 736	36 661	22 828	11 792
Xilenos	----	----	----	----	----	----	16 311	10 534	6 166	23 086	12 705	14 534	12 026
Otros	----	----	----	----	----	5 603	----	----	----	----	5 127	3 964	3 530

a/ Incluye polietileno de alta y baja densidad.

Fuente: Pemex, Anuario estadístico, 1977, México, Pemex, 1978, Pemex, Memoria de labores, 1976-1982, México, Pemex, 1977-1983.

CUADRO 24

Volumen de las exportaciones de Pemex de productos petroquímicos, 1970-1982

(ton)

Nombre del producto	1970	1971	1972	1973	1974	1975	1976	1977	1978	1979	1980	1981	1982
Total exportaciones	65 998	69 577	54 370	34 616	21 171	13 860	1 699	30 211	700 773	750 002	755 200	812 457	872 920.3
Acrilonitrilo	----	2 101	1 738	1 050	----	507	----	----	----	----	----	----	----
Amoniaco	----	325	5 626	3 271	498	4 126	----	30 211	670 000	647 254	710 100	782 077	834 634.3
Benceno	37 614	26 329	12 629	----	2 306	----	----	----	----	----	----	----	----
Butadieno	----	----	----	----	----	7 489	----	----	----	----	----	----	----
Dodecilbenceno	1 058	904	2	1 000	----	----	----	----	----	----	----	----	----
Etileno	----	----	----	4 887	----	1 738	1 699	----	----	25 252	----	----	----
Hexano	----	----	----	67	----	----	----	----	----	----	----	----	----
Metanol	----	22	----	----	----	----	----	----	30 773	77 496	45 000	30 380	38 286
Polietileno	----	2 002	9 596	----	----	----	----	----	----	----	----	----	----
Tolueno	1 103	7 066	3 240	5 485	----	----	----	----	----	----	----	----	----
Meta y Paraxileno	26 223	29 426	21 539	18 856	17 359	----	----	----	----	----	----	----	----
Ortoxileno	----	1 402	----	----	----	----	----	----	----	----	----	----	----
Etilbenceno	----	----	----	----	1 003	----	----	----	----	----	----	----	----
Alúmina	----	----	----	----	5	----	----	----	----	----	----	----	----

Fuente: Pemex, Anuario estadístico, 1977, México, Pemex, 1978 y Pemex, Memoria de labores, 1978-1982, México, Pemex, 1979-1983.

CUADRO 25

Participación de la industria petroquímica básica en el consumo interno final de energía, 1982

Sectores	Participación porcentual	
Transporte	38.3	
Industria	34.9	
IPB (energético)		7.1
otras industrias		27.8
Otros sectores (industrial, comercial, público y agropecuario)	16.7	
Usos no energéticos	10.1	
IPB (materia prima)		7.1
otros usos		3.0
Total	100.0	

Fuente: Pemex, Balance de energía, 1982, México, Pemex, 1983, p.23.

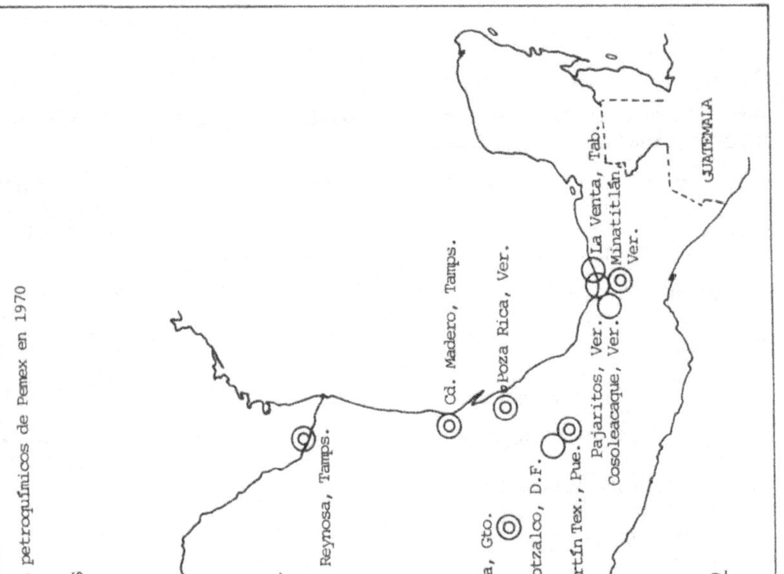

Mapa 1. Centros petroquímicos de Pemex en 1970

Fuente: Adaptado de Pemex, *Memoria de labores, 1980*
México, Pemex, 1981

GRAFICA 1
Esquema de producción de petroquímicos básicos

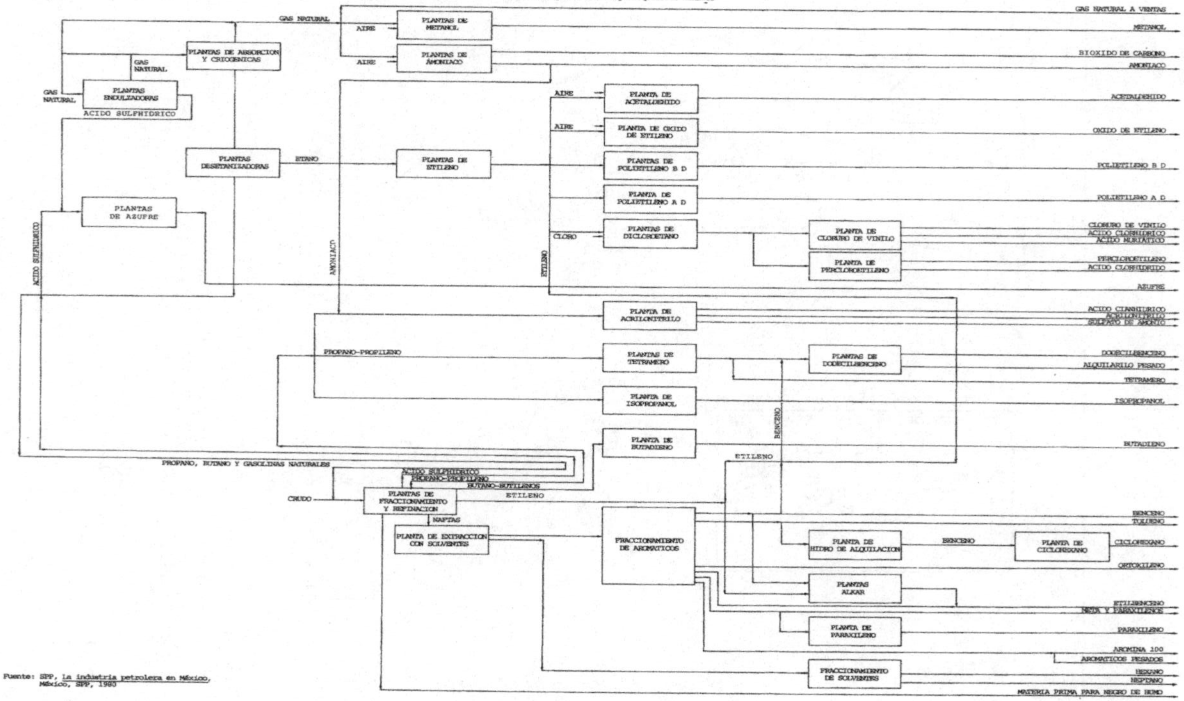

Fuente: SPP, *La industria petrolera en México*, México, SPP, 1980

Mapa 2. Centros petroquímicos de Pemex en 1982

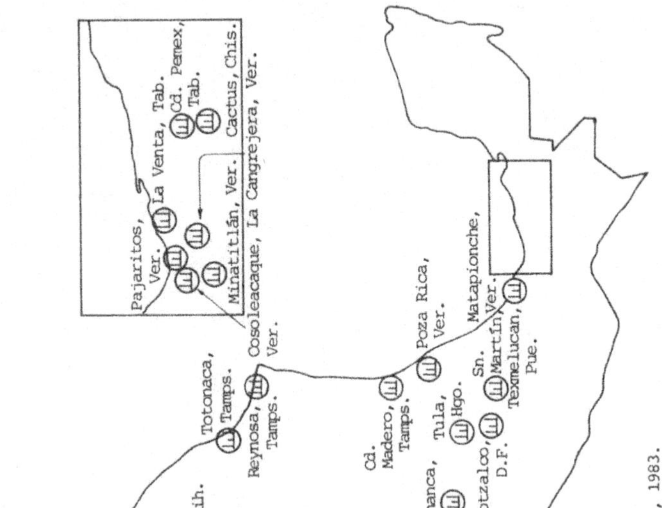

Fuente: Pemex, Memoria de labores, 1982, México, Pemex, 1983.

ANEXO 2

Reglamento de la Ley reglamentaria del artículo 27 constitucional en el ramo del petróleo en materia de petroquímica

REGLAMENTO DE LA LEY REGLAMENTARIA DEL ARTICULO 27 CONSTITUCIONAL EN EL RAMO DEL PETROLEO, EN MATERIA DE PETROQUIMICA

EXPEDICION - 16 de diciembre de 1970

PUBLICACION - 9 de febrero de 1971.

LUIS ECHEVERRIA ALVAREZ, Presidente Constitucional de los Estados Unidos Mexicanos, a sus habitantes, sabed:

Que en uso de las facultades que me otorga la fracción I del artículo 89 Constitucional, y

C O N S I D E R A N D O

PRIMERO.- Que con motivo del incremento y gran importancia que ha venido adquiriendo la industria petroquímica nacional, y con el objeto de dar mayor fluidez a su desarrollo es necesario definir con precisión aquello en que consiste la referida industria petroquímica y delimitar con mayor claridad el campo de acción que se reserva en forma exclusiva a la Nación, y aquel en que pueden intervenir los particulares, así como los procedimientos para la obtención de los permisos y autorizaciones respectivos; y

SEGUNDO.- Que es necesario dar vida jurídica a la Comisión Petroquímica que desde hace varios años ha venido funcionando y que se ha encargado de asesorar y estudiar las cuestiones relacionadas con el considerando que antecede, he tenido a bien expedir el siguiente:

Reglamento de la Ley Reglamentaria del Artículo 27 Constitucional en el Ramo del Petróleo, en Materia de Petroquímica.

C A P I T U L O I

Industria petroquímica

ARTICULO 1o.- La industria petroquímica consiste en la realización de procesos químicos o físicos para la elaboración de compuestos a partir total o parcialmente de hidrocarburos naturales del petróleo, o de hidrocarburos que sean productos o subproductos de las operaciones de refinación, con exclusión de los productos básicos genéricos de refinación y los subproductos a que se refiere el Artículo 23 del Reglamento de la Ley Reglamentaria del Artículo 27 Constitucional en el Ramo del Petróleo de 24 de agosto de 1959.

ARTICULO 2o.- Corresponde a la Nación, por conducto de Petróleos Mexicanos o de organismos o empresas subsidiarias de dicha Institución o asociadas a la misma, creados por el Estado, en los que no podrán tener participación de ninguna especie los particulares, la elaboración de los productos que sean susceptibles de servir como materias primas industriales básicas que sean resultado de los procesos petroquímicos fundados en la primera transformación química importante o en el primer proceso físico importante que se efectúe a partir de productos o subproductos de refinación, o de hidrocarburos naturales del petróleo.

ARTICULO 3o.- La elaboración de aquellos productos de la industria petroquímica, con exclusión de los señalados en el artículo 2o., que a juicio de la Secretaría del Patrimonio Nacional, previa opinión de la Comisión Petroquímica Mexicana tengan un interés económico o social fundamental para el país será llevada a cabo por la Nación por conducto de Petróleos Mexicanos, o de sus organismos o empresas subsidiarias o, también a juicio de la Secretaría del Patrimonio Nacional, por conducto de organismos descentralizados o empresas de participación estatal formadas íntegramente por mexicanos, ya sean solos o asociados con sociedades de particulares formadas asimismo íntegramente por mexicanos.

ARTICULO 4o.- La elaboración de productos químicos que sean resultado de los procesos subsecuentes a los señalados en los artículos anteriores, constituyen el campo en que podrán operar indistintamente y en forma no exclusiva, la Nación, los particulares o las sociedades de particulares que tengan una mayoría de capital mexicano, ya sea solos o asociados con la Nación por conducto de Petróleos Mexicanos; o con organismos o empresas subsidiarias de Petróleos Mexicanos.

ARTICULO 5o.- La Secretaría del Patrimonio Nacional, oyendo previamente la opinión de la Comisión Petroquímica Mexicana, determinará los productos que deban quedar o no dentro del campo de acción exclusivo de la Nación o reservados a la Nación en asociación con las sociedades de particulares a que se refieren los artículos 2o. y 3o. de este Reglamento, así como los productos que sean resultado de los procesos subsecuentes, y revisará cada vez que lo considere necesario las determinaciones que hubiere hecho, ya sea de oficio o a solicitud de la Comisión Petroquímica Mexicana.

C A P I T U L O II

Comisión petroquímica mexicana

ARTICULO 6o.- Se crea un organismo técnico consultivo que dependerá de la Secretaría del Patrimonio Nacional y se denominará "Comisión Petroquímica Mexicana", el que tendrá por objeto:

I.- Actuar como órgano auxiliar técnico y consultivo de la Secretaría del Patrimonio Nacional en materia petroquímica.

II.- Llevar a cabo los estudios e investigaciones que en materia petroquímica le solicite dicha Secretaría o que resuelva llevar a cabo la propia Comisión.

III.- Opinar sobre la determinación de los productos que deben quedar o no dentro del campo de acción exclusivo de la Nación o reservadas a la Nación en asociación con sociedades de particulares.

IV.- Opinar sobre las solicitudes de permisos para la elaboración de productos petroquímicos y sobre las solicitudes de autorizaciones para la elaboración de especialidades de derivados básicos de refinación.

V.- Presentar al Ejecutivo por conducto de la Secretaría del Patrimonio Nacional, estudios y programas para el desarrollo de la industria petroquímica en México.

VI.- Opinar acerca de la participación que corresponda a la Secretaría del Patrimonio Nacional, Petróleos Mexicanos y los particulares que elaboran productos de la industria petroquímica, en relación con la elaboración por Petróleos Mexicanos de las materias primas básicas que requiera la operación y desarrollo de las industrias en general.

VII.- Llevar, para fines estadísticos, de coordinación y promoción, el registro de las plantas elaboradoras de productos petroquímicos y de especialidades derivados básicos de refinación, así como el registro de la producción de las mismas.

VIII.- Asesorar a la Secretaría de Industria y Comercio, en la promoción de la producción nacional y las exportaciones de productos petroquímicos.

IX.- Realizar las demás actividades de carácter técnico consultivo que determine la Secretaría del Patrimonio Nacional.

ARTICULO 7o.- La comisión estará integrada por un Presidente que será el Secretario del Patrimonio Nacional o el funcionario de la Secretaría que éste designe; un Vocal que será el Secretario de Industria y Comercio o el funcionario de la misma Secretaría que éste designe; un Vocal que será el Director General de Petróleos Mexicanos o la persona que éste designe. El Secretario Técnico concurrirá con voz, pero sin voto. El Presidente tendrá voto de calidad.

ARTICULO 8o.- Para el despacho de los asuntos derivados de las funciones de la Comisión Petroquímica Mexicana habrá un Secretario Técnico que dependerá del Presidente de la Comisión y que tendrá el Personal Técnico y administrativo a la Secretaría del Patrimonio Nacional.

ARTICULO 9o.- La Secretaría del Patrimonio Nacional expedirá los instructivos necesarios para determinar la organización interna y procedimientos de operación de la Comisión.

CAPITULO III

Permisos y autorizaciones para la elaboración de productos petroquímicos

ARTICULO 10.- Para la elaboración de los productos petroquímicos a que se refieren los artículos 3o. y 4o. de este Reglamento, la Secretaría del Patrimonio Nacional oyendo previamente la opinión de la Comisión Petroquímica Mexicana y oyendo en cada caso a los interesados, podrá expedir permisos para llevar a cabo dicha elaboración. Los permisos se publicarán en el "Diario Oficial" de la Federación y establecerán:

a) El producto o productos petroquímicos por elaborar:

b) Las materias primas que se utilizarán en la elaboración de los productos.

c) El monto de la inversión que habrá de hacerse para la planta de elaboración, en el concepto de que si la inversión realmente efectuada resultare diferente el beneficiario del permiso deberá comunicarlo para su aprobación, a la Secretaría del Patrimonio Nacional;

d) La ubicación de la planta en la que habrán de elaborarse los productos, en el concepto de que, podrá cambiarse dicha ubicación previa autorización de la Secretaría del Patrimonio Nacional;

e) La capacidad que deberá tener la planta de elaboración. En caso de ampliación de la capacidad de una planta, deberá solicitarse nuevo permiso.

f) El porcentaje mínimo de capital mexicano que deberá tener la beneficiaria del permiso en caso de ser una sociedad;

g) Las fechas en que, respectivamente, deberá iniciarse y concluirse la construcción de la planta de elaboración, e iniciarse la elaboración de los productos de que se trate, fechas que sólo podrán ser cambiadas con autorización de la Secretaría del Patrimonio Nacional;

h) Las garantías que deberán otorgarse para asegurar el cumplimiento de los términos y condiciones establecidos en el permiso; y

i) Las causas de cancelación del permiso respectivo.

ARTICULO 11.- Para la elaboración de los productos que sean especialidades de derivados básicos de refinación, tales como parafinas especiales y asfaltos oxidados se requerirá la previa autorización de la Secretaría del Patrimonio Nacional la cual establecerá en cada caso los términos y condiciones de la autorización.

ARTICULO 12.- La misma Secretaría expedirá instructivos que indiquen la forma y requisitos que deberán llenar las solicitudes de permisos para la elaboración de productos petroquímicos y las solicitudes de autorizaciones para la elaboración de especialidades de derivados básicos de refinación y el procedimiento que deberá seguir la tràmitación de dichas solicitudes, tomando en cuenta la necesidad de que los permisos o autorizaciones se expidan dentro de un plazo máximo de sesenta días, a fin de asegurar el oportuno establecimiento de las plantas de elaboración.

ARTICULO 13.- El otorgamiento de los permisos o autorizaciones a que se refieren los artículos 10o. y 11o. anteriores se ajustarán, en su caso, a lo mandado por las disposiciones legales aplicables en materia de inversiones extranjeras.

ARTICULO 14.- Los permisos y autorizaciones que expida la Secretaría del Patrimonio Nacional en los términos de los artículos 10o. y 11o. sólo podrán ser transferidos con la previa autorización de la propia Secretaría y, a efecto de evitar transferencias indirectas sin dicha autorización, los permisos y autorizaciones establecerán que serán causas de cancelación de los mismos el que las acciones de la sociedad beneficiaria del permiso o autorización, sean transferidas sin la previa autorización de la Secretaría mencionada, con anterioridad a la fecha en que se haya iniciado la elaboración de los productos de que se trata; o que en cualquier tiempo, sin la previa autorización de la Secretaría, la sociedad beneficiaria del permiso o autorización, se fusione con otra o realice cualquier acto que permita que una empresa distinta adquiera acciones de la sociedad beneficiaria.

CAPITULO IV

Disposiciones generales

ARTICULO 15.- Cuando de acuerdo con lo previsto por las disposiciones legales aplicables en materia de inversiones extranjeras o como condición establecida en los permisos que expida la Secretaría, se requiera que los particulares, personas físicas, sean de nacionalidad mexicana; o que las sociedades de particulares estén formadas íntegramente por mexicanos y contengan cláusula de exclusión de extranjeros; o que las sociedades de particulares tengan una mayoría del capital mexicano, se aplicarán las siguientes reglas:

I.- Los particulares, personas físicas, deberán acreditar ante la Secretaría del Patrimonio Nacional ser de nacionalidad mexicana, mediante cualquiera de los siguientes documentos o medios de prueba, en su caso:

a) Copia certificada de su acta de nacimiento.

b) Copia fotostática certificada por Notario Público de su carta de naturalización.

c) Copia fotostática certificada por Notario Público de su certificado de nacionalidad; o

d) Los demás medios de prueba que para acreditar el nacimiento y la nacionalidad de las personas establecen las leyes.

II.- Para los fines de este Reglamento se entenderá por sociedades de particulares formadas íntegramente por mexicanos aquellas sociedades constituidas conforme a las leyes del país en las que: Si se trata de sociedades de personas, la totalidad del capital social sea aportado o corresponda a personas físicas de nacionalidad mexicana; o a sociedades mexicanas comprendidas en el inciso b) de la fracción III de este artículo. Si se trata de sociedades por acciones, consiguen en su escritura constitutiva la cláusula de exclusión de extranjeros en los términos previstos por la Ley Orgánica de las fracciones I y IV del Artículo 27 Constitucional y por su Reglamento, tengan la totalidad de su capital social representado por acciones nominativas de una sola serie que sólo podrán ser suscritas por las personas a que se refieren los incisos a) y b) de la fracción III de este artículo, y los títulos de sus acciones contengan en forma ostensible la cláusula de exclusión de extranjeros mencionada y la estipulación de que sólo podrán ser suscritas, adquiridas o poseídas por las personas a que se refieren los incisos a) y b) de la fracción III de este artículo, y que en caso de que alguna persona física o moral que no esté incluida entre aquellas a las que se refieren dichos incisos, llegare a ser titular o propietaria de ellas, la adquisición será nula y los derechos correspondientes se sacarán a remate, con intervención de la autoridad judicial.

III.- Para los fines de este Reglamento se entenderá por sociedades de particulares que tengan una mayoría de capital mexicano aquellas sociedades constituidas conforme a las leyes del país en las que: si se trata de sociedades de personas, el 60%, como mínimo, del capital social sea aportado o corresponda a personas físicas de nacionalidad mexicana o a sociedades mexicanas comprendidas en los incisos b) y c) de esta fracción. Si se trata de sociedades por acciones, si sólo emiten acciones comunes u ordinarias, que el 60% de ellas, como mínimo, se ampare por una serie "A" o mexicana y el resto, según el caso, por otra serie "B" o de suscripción libre; y si se emiten dos o más series de acciones, unas comunes y otras amortizables o con derechos limitados que cada serie se divida en dos subseries, una "A" o mexicana y otra "B" o libre, que representen, respectivamente, la primera el 60% como mínimo de la subserie, y la segunda el resto, según el caso.

Las acciones de la serie o subserie "A" serán siempre nominativas y sólo podrán ser suscritas por personas físicas o sociedades comprendidas en la siguiente enumeración:

a) Personas físicas de nacionalidad mexicana.

b) Sociedades mexicanas cuya escritura social contenga cláusula de exclusión de extranjeros, de las que sólo podrán ser socios o accionistas personas físicas mexicanas y sociedades mexicanas cuya escritura social contenga, a su vez, cláusula de exclusión de extranjeros.

c) Sociedades mexicanas en las cuales la mayoría de capital, en cualquier circunstancia, sea propiedad de personas físicas de nacionalidad mexicana o de sociedades mexicanas cuya escritura social contenga la cláusula de exclusión de extranjeros, siempre que se mantenga el mínimo del 60% del capital mexicano a juicio de la Secretaría del Patrimonio Nacional.

Las acciones de la serie o subserie "B" podrán ser suscritas o adquiridas por personas físicas o sociedades nacionales o extranjeras, con excepción de soberanos o gobiernos extranjeros.

Los títulos de las diversas series o subseries de acciones en que se divida el capital social, se emitirán en color y forma que las distinga claramente entre sí; todos llevarán adheridos cupones numerados para amparar el pago de dividendos, y las acciones de la serie o subserie "A" contendrán en forma que las distinga claramente entre sí; todos llevarán adheridos cupones numerados para amparar el pago de dividendos, y las acciones de la serie o subserie ostensible, la estipulación de que sólo podrán ser suscritas, adquiridas o poseídas en propiedad, por las personas a que se refieren los incisos a), b) y c) de la fracción III de este artículo y la declaración expuesta de que en caso de que alguna persona física o moral distinta de ellas llegare a ser titular o propietaria de ellas, la adquisición será nula y los derechos correspondientes se sacarán a remate con intervención de la autoridad judicial.

Las acciones de la serie o subserie "B" deberán contener la cláusula de extranjería, en los términos previstos por la Ley Orgánica de las fracciones I y IV del Artículo 27 de la Constitución y su Reglamento.

Las sociedades deberán llevar un libro de registro de accionistas, en el que se inscribirán todas las operaciones de suscripción, adquisición o transmisión de que sean objeto las acciones nominativas que forman parte del capital social dentro de los noventa días siguientes a la fecha en que se efectúen, con expresión del suscriptor o poseedor anterior y del cesionario o adquirente. Para los efectos del Artículo 129 de la Ley General de Sociedades Mercantiles, la sociedad deberá exigir que los adquirentes de acciones de la serie o subserie "A" le comprueben estar contenidos en alguno de los incisos a), b), o c) de la fracción III de este artículo. Si no se comprueba esto o no resulta satisfactoria la comprobación, inscribirá la transmisión, haciendo constar esa circunstancia al margen de la inscripción correspondiente y lo comunicará, dentro de los diez días siguientes, a la Secretaría del Patrimonio Nacional.

En el caso de que, en contravención a lo dispuesto en el párrafo anterior, se registren transmisiones de acciones de la serie o subserie "A", sin exigir comprobación de la capacidad del adquirente para suscribirlas o poseerlas, o se dejen de comunicar esa circunstancias a la Secretaría, se aplicarán las sanciones que sean procedentes.

Todas las acciones de la misma serie deberán ser de igual valor, las destinadas a ser suscritas precisamente por personas físicas mexicanas o por las sociedades e instituciones a que aluden los incisos a), b) y c) de la fracción III, en ningún caso deberán tener menores derechos que los que se otorguen a las acciones susceptibles de adquirirse por extranjeros, y para la distribución de las ganancias, en ningún caso deberán tener prelación de preferencias las acciones de las series o subseries "B" respecto de las "A".

Cuando la administración de la sociedad esté encomendada a una sola persona, ésta deberá ser de nacionalidad mexicana y nominada por los accionistas de la serie "A", y cuando haya consejo de administración, la serie o subseries "A", deberán tener derecho a nombrar como mínimo, la mitad más uno de sus miembros, y la mayoría de los consejeros deberán ser mexicanos.

ARTICULO 16.- La Secretaría de Industria y Comercio de acuerdo con la del Patrimonio Nacional y con la colaboración de la Comisión Petroquímica Mexicana, promoverá la exportación de productos de la industria petroquímica que sea posible elaborar en cantidades adicionales a las requeridas para el consumo interno del país.

ARTICULO 17.- Las violaciones a la Ley y a este Reglamento serán sancionadas en su caso en los términos previstos por el Capítulo XIII del Reglamento de la Ley Reglamentaria del Artículo 27 Constitucional en el Ramo del Petróleo.

ARTICULO 18.- Petróleos Mexicanos y los particulares que se dediquen a la elaboración de productos petroquímicos al amparo de permisos y autorizaciones expedidos por la Secretaría del Patrimonio Nacional darán al personal de dicha Secretaría y a la Comisión Petroquímica Mexicana toda clase de facilidades para el desempeño de las funciones que les sean propias, de acuerdo con la Ley y con este Reglamento y les proporcionarán los informes y datos, relativos a la elaboración de productos de la industria petroquímica que les sean solicitados, de acuerdo con los instructivos que la Secretaría mencionada expida para tal efecto.

T R A N S I T O R I O S

ARTICULO PRIMERO.- La Secretaría de Hacienda y Crédito Público proveerá, conforme a las solicitudes que le presente la del Patrimonio Nacional, los fondos presupuestales que requiera la instalación y operación de la Comisión Petroquímica Mexicana, y en su oportunidad se incluirán las partidas que correspondan en el Presupuesto de Egresos de la Federación.

ARTICULO SEGUNDO.- Se derogan el Capítulo VIII del Reglamento de la Ley Reglamentaria del Artículo 27 Constitucional en el Ramo del Petróleo de fecha 24 de agosto de 1959 y el Acuerdo del 13 de enero de 1960 publicado en el "Diario Oficial" de la Federación del 9 de abril de 1960.

ARTICULO TERCERO.- Los permisos para la elaboración de productos petroquímicos expedidos por las Secretarías del Patrimonio Nacional y de Industria y Comercio de acuerdo con el Reglamento de la Ley Reglamentaria del Artículo 27 Constitucional en el Ramo del Petróleo continuarán en vigor en los términos en que fueron expedidos, pero cualquier modificación a los mismos deberá regirse por el presente Reglamento.

ARTICULO CUARTO.- La referencia a la "Comisión para el Estudio de la Industria Petroquímica" contenida en los permisos a los que se refiere el artículo tercero anterior, se considerará en lo sucesivo referido a la "Comisión Petroquímica Mexicana" que establece el Capítulo II de este Reglamento.

ARTICULO QUINTO.- El presente Reglamento entrará en vigor el día de su publicación en el "Diario Oficial" de la Federación.

Dado en la residencia del Poder Ejecutivo Federal, en México, Distrito Federal, a los dieciséis días del mes de diciembre de mil novecientos setenta.- El Presidente de la República, Luis Echeverría Alvarez.- Rúbrica.- El Secretario del Patrimonio Nacional, Horacio Flores de la Peña.- Rúbrica.- El Secretario de Industria y Comercio, Carlos Torres Manzo.- Rúbrica.- El Secretario de la Presidencia Hugo Cervantes del Río.- Rúbrica.- El Secretario de Hacienda y Crédito Público, Hugo B. Margáin.- Rúbrica.

Fuente: Pemex, Marco jurídico básico, México, D. F. Pemex, 1983.

ANEXO 3
Bibliografía

Aizpuru, J., "Consideraciones sobre la situación actual y posibilidades futuras de comercio exterior con productos petroleros", en *IMIQ* , México, IMIQ, marzo de 1976.

Alonso González, Francisco, *Historia y petróleo, México: el problema del petróleo*, Madrid, Ayuso, 1972.

Angeles, Luis, "La industria petroquímica mexicana en la dinámica internacional", en *El Día*, México, del 9 al 11 de febrero de 1984.

Asociación Nacional de la Industria Química, *Anuario de la industria química mexicana*, México, se consultaron varios años.

Ayala, José *et al*., "La crisis económica: evolución y perspectivas", en Pablo González Casanova y Enrique Florescano (coord.), *México hoy*, México, Siglo XXI Editores, 1979.

Azcárate, Leonor, "La industria petroquímica mexicana. Panorama actual", en *Información Científica y Tecnológica*, vol. 5, núm. 82, México, CONACYT, julio de 1983.

Banco de México, *Indicadores económicos*, México, Banco de México, 1983.

Baptista, César, "Industria petroquímica en México", en *IMIQ*, México, IMIQ, febrero de 1977.

Becerril, Oscar, *Posibilidades de desarrollo de la industria petroquímica en México*, México, Banco de México, 1957.

Bermúdez, Antonio J., *Doce años al servicio de la industria petrolera mexicana, 1947-1958*, México, Comaval, 1960.

_______________, *La política petrolera mexicana*, México, Mortiz, 1976.

Blanco, Jorge, "El desarrollo de la crisis, 1970-1976", en Rolando Cordera (ed.), *Desarrollo y crisis de la economía mexicana*, México, Fondo de Cultura Económica, 1981.

Bosch, Pedro, "Evolución de las inversiones químicas y petroquímicas, 1976-1981", en *ANIQ, Memorias. XIV Foro nacional de la industria química*, México, ANIQ, 1981.

Bullard, Fredda Jean, *Mexico's Natural Gas*, Austin, The University of Texas, 1968.

Cordera, Rolando y Carlos Tello, La disputa por la nación, México, Siglo XXI Editores, 1983.

Cossío, Francisco "Elaboración de fertilizantes nitrogenados", en IMIQ, México, IMIQ, noviembre de 1976.

Departamento de Comercio de Estados Unidos, "El caso del amoniaco mexicano", en Comercio Exterior, vol. 33, núm. 8, México, Banco Nacional de Comercio Exterior, agosto de 1983.

Doval1 Jaime, Antonio, Situación y tendencias de la industria petrolera nacional, México, Pemex, 1971.

________________, "Tendencias de la industria petrolera nacional", en El mercado de valores, año XXXI, núm. 32, México, NAFINSA, 9 de agosto de 1971.

Echaniz, Jorge, Petróleos Mexicanos. Veinticinco años de vida de la industria nacionalizada, México, UNAM (tesis), 1963.

Económica, "La Cangrejera, el centro petroquímico más grande del mundo", en Económica, México, 15 de mayo de 1981.

Expansión, "Congreso de petroquímica: las formulas de Cancún", en Expansión, México, 6 de diciembre de 1978.

________________, "El desafío exportador de la petroquímica", en Expansión, México, 3 de octubre de 1979.

________________, "La industria petroquímica, aquí y ahora", en Expansión, México, 3 de octubre de 1979.

________________, "La industria petroquímica: punta de lanza para la recuperación", en Expansión, México, 25 de abril de 1983.

________________, "La petroquímica nacional: de espectadora a actriz en el mercado mundial", en Expansión, 5 de agosto de 1981.

________________, "Para la petroquímica el tiempo es oro", en Expansión, México, 30 de agosto de 1978.

Fitzgerald, E. V. K., "A Note on State Capital and Industrialization in Mexico", en Carriere, J. (editor), Industrialization and the State in Latin America, Holanda, CEDLA, 1979.

García Luna, José Luis, "Exitos y problemas de la petroquímica básica", en IMIQ, México, IMIQ, diciembre de 1970.

________________, "Metodología de la planeación de la industria petroquímica", en IMIQ, México, IMIQ, noviembre de 1976.

________________, "Petroquímica básica", en IMIQ, México, IMIQ, marzo-abril de 1978.

Giral, José, Sergio González y Eduardo Montaño, La industria química en México, México, Redacta, 1978.

Gómez Sánchez, P. y M. Rivera, "Acumulación de capital en México en la década del setenta", en Teoría política, núm. 2, México, 1980.

Grayson, George, The Politics of Mexican Oil, Pittsburgh University of Pittsburgh Press, 1980

Hernández Palacios, Luis, "La industria petroquímica básica en México: evolución, transformación tecnológica y empleo", ponencia presentada en el seminario Revolución Tecnológica y Empleo, México, UAM (mimeo), 1984.

Instituto de Estudios Políticos, Económicos y Sociales, "Estrategias para el desarrollo de la industria petroquímica" y "Recursos para el desarrollo de la industria petroquímica", 5a. y 6a. mesas de trabajo de la Reunión popular para la planeación. Tema: energéticos y desarrollo nacional, México, IEPES, 1982.

________________, Industria petroquímica nacional, México, IEPES, 1982.

________________, Reunión nacional de estudio para el desarrollo de la industria petroquímica. Memoria, México, IEPES, 1976.

Instituto Mexicano del Petróleo, Desarrollo y perspectivas de la industria petroquímica mexicana, México, IMP, 1977.

________________, Desarrollo y perspectivas del sector secundario de la industria petroquímica, México, IMP, 1973.

________________, Plan de desarrollo de la industria petrolera y petroquímica básica, 1976-1985, México, IMP, s.f.

______________, Plan de desarrollo de la industria petrolera y petroquímica básica, 1970-1975, México, IMP, s.f.

López Mora, Carlos, "Problemática de operación y mantenimiento de la industria petroquímica básica", en IMIQ, México, IMIQ, marzo de 1976.

Mark y Ordóñez, F., "Política de desarrollo", en Energía, año 4, núm. 42, junio de 1982.

Meyer, Lorenzo, "Veinticinco años de política mexicana", en Comercio Exterior, vol. 25, núm. 12, México, Banco Nacional de Comercio Exterior, diciembre de 1975.

Nacional Financiera, Estructura del consumo de productos petroquímicos en México, 1976-1977, México, NAFINSA (mimeo), 1971.

Nacional Financiera/Organización de las Naciones Unidas para el Desarrollo Industrial, Promoción de exportaciones mexicanas de productos manufacturados, México, NAFINSA (mimeo) 1967.

Opalin, León, "Exportación de petroquímicos básicos", en Excélsior, México, 17 de enero de 1984.

Organization for Economic Cooperation and Development, Transfer of Technology in the World Petrochemical Industry. Sectorial Study No. 1, París, OECD, 1979.

Oteyza, José Andrés, De "Programa sexenal de petroquímica", en El mercado de valores, año 37, núm. 17. México, NAFINSA, 25 de abril de 1977.

Perezgasga Tovar, Flavio, "La industria petroquímica en México", en Investigación económica, núms. 148-149, México, UNAM, abril-septiembre de 1979.

Petróleos Mexicanos, Anuario estadístico, México, Pemex, se consultaron los años 1970 a 1984.

______________, Aspectos relevantes del Plan 1984-1988, México, Pemex, 1984.

______________, Informe del director general de Petróleos Mexicanos, México, Pemex, se consultaron los años 1965 a 1984.

______________, Memoria de labores, México, Pemex, se consultaron los años 1965 a 1984.

Philip, George, Oil and Politics in Latin America, Cambridge, Cambridge, University Press, 1982.

Prévot-Shapira, Marie-France, Pétrole et nouvel espace industriel au Mexique. Coatzacoalcos-Minatitlán, París, Univ. Sorbonne-Nouvelle, Paris III (tesis), 1981.

Ramírez, R., La otra cara del petróleo, México, Diana, 1979.

Secretaría de Patrimonio y Fomento Industrial, Plan nacional de Desarrollo Industrial, 1979-1982, México, SEPAFIN, 1979.

Secretaría de la Presidencia, "Reunión de la Comisión de Energéticos", en Carta de México (separata), núm. 18, México, 9 de enero de 1974.

Secretaría de Programación y Presupuesto, Diagnóstico de Petróleos Mexicanos, México, SPP (mimeo) s.f.

Secretaría de Programación y Presupuesto/Petróleos Mexicanos, La industria petrolera en México, México, SPP, se consultaron los años 1980 a 1983.

Secretaría de Programación y Presupuesto/Secretaría de Patrimonio y Fomento Industrial, Escenarios económicos de México. Perspectivas de desarrollo para ramas seleccionadas, 1981-1985, México, SPP, 1981.

Secretaría de Programación y Presupuesto/Secretaría de Patrimonio y Fomento Industrial/Petróleos Mexicanos/Fertilizantes Mexicanos, Industria petroquímica. Análisis y expectativas, México, 1981.

Soder, S., "Mexico update: 1982-1983", en World Petrochemical, Estados Unidos, SRI International, 1983.

Sordo A., Ana María, "La industria petroquímica a nivel mundial, situación actual y perspectivas", en Cuadernos sobre prospectiva energética, núm. 31, México, El Colegio de México, 1982.

Székely, Gabriel, La economía política del petróleo en México, 1976-1982, México, El Colegio de México, 1983.

Toledo, Alejandro (coord.), Petróleo y ecodesarrollo en el sureste de México, México, Centro de Ecodesarrollo, 1982.

________________, "La unidad de producción compleja Coatzacoalcos-Minatitlán-Cosoleacaque", en Iván Restrepo (coord.), Conflicto entre ciudad y campo en América Latina, México, Nueva Imagen, 1980.

Transformación, "Nuevos precios de petroquímicos", en Transformación, novena época, vol. 1, núm. 6 y 7, México, junio-julio de 1982.

United Nations Industrial Development Organization, First World-Wide Study of the Petrochemical Industry, Viena, UNIDO, 1978.

Villagómez Arias, Braulio, "Estrategia y desarrollo de la petroquímica básica en Pemex, 1984-1988", ponencia presentada en la XXIV Convención Nacional del Instituto Mexicano de Ingenieros Químicos: "Consolidación y crecimiento de la industria química y de proceso", Monterrey, Pemex (mimeo), 1984.

________________, Panorama de la producción petroquímica en México y la importancia del complejo petroquímico "Morelos", México, Pemex, (mimeo), 1984.

Wionczek, Miguel S., Gerardo Bueno y Jorge Eduardo Navarrete, La transferencia internacional de tecnología. El caso de México, México, Fondo de Cultura Económica, 1974.

World Bank (IBRD), Special Study of the Mexican Economy: Major Policy Issues and Prospects, 1977-1982, Washington, D.C., IBRD, 1977.

Este facsimilar de
La industria petroquímica básica en México, 1970-1982
es propiedad de El Colegio de México
y se terminó de imprimir en
Librántida bajo el modelo de
distribución bajo demanda.
www.librantida.com